학교
·
장소
·
기억

Creating a Sense of Place in School Environments

아이들은 어떻게
장소 애착을 만드는가?

이선영 지음 **| 윤철희** 옮김

학교
·
장소
·
기억

연암서가

지은이 이선영

서울시립대학교 건축학부 교수이며, 한국과 미국의 건축사이다. 서울대학교에서 건축을 공부하고 캘리포니아대학교 버클리 캠퍼스에서 건축학 석사 학위를, 하와이대학교에서 건축학 박사 학위를 받았으며 하와이대학교 건축대학에서 풀브라이트 비지팅 스칼라를, 델프트 공대 건축환경학부에서 객원연구원을 역임하였다. 주된 연구 분야는 교육 환경, 지속 가능한 환경, 젠더와 도시 등이다. 저서로 『Boom or Bust?: 강남 빌딩붐 이후 테헤란로의 미래』가 있으며 『Global Planning Innovations for Urban Sustainability』와 『2030 서울도시기본계획 성분석』, 『건축교육의 미래』를 공동 집필하였다.

옮긴이 윤철희

연세대학교 경영학과와 동 대학원을 졸업하고, 영화 전문지에 기사 번역과 칼럼을 기고하고 있다. 옮긴 책으로는 『로저 에버트: 어둠 속에서 빛을 보다』, 『위대한 영화』, 『스탠리 큐브릭: 장르의 재발명』, 『클린트 이스트우드』, 『히치콕: 서스펜스의 거장』, 『제임스 딘: 불멸의 자이언트』, 『런던의 역사』, 『도시, 역사를 바꾸다』, 『지식인의 두 얼굴』, 『샤먼의 코트』 등이 있다.

학교·장소·기억

2022년 6월 10일 초판 1쇄 인쇄
2022년 6월 15일 초판 1쇄 발행

지은이 | 이선영
옮긴이 | 윤철희
펴낸이 | 권오상
펴낸곳 | 연암서가

등록 | 2007년 10월 8일(제396-2007-00107호)
주소 | 경기도 고양시 일산서구 호수로 896, 402-1101
전화 | 031-907-3010
팩스 | 031-912-3012
이메일 | yeonamseoga@naver.com

ISBN 979-11-6087-097-8 93540
값 20,000원

한국어판을 내며

이 책의 주제인 어린 시절 기억의 장소에 대한 호기심의 싹은 1980년대 말 버클리 캠퍼스의 대학원 세미나실에서 시작되었다고 하겠다. 다양한 인종과 국적, 나이의 학생들이 그린 어린 시절 기억의 장소에 대한 스케치에서 필자는 담당교수 클레어 마커스의 해석과는 또 다른 특징들을 발견하였으나 이의를 제기하지 못하고 아쉽게 자리를 떴던 기억이 있다. 필자가 다양한 배경의 학생들 스케치에서 발견한 특징은 바로 경계, 중심, 길, 문지방, 가장자리 등 이 책에서 명명한 '장소 유발기제(Place Generator)'이다. 필자는 그 당시 기억의 장소로 어린 시절 구릉을 넘어 강가로 이어지던 가족과의 저녁 산책 오솔길을 떠올렸고, 필자의 아버지가 온 가족이 지나가도록 들어주던 나뭇가지를 그렸던 기억이 있다. 멀리 강의 수면이 보이던 지점에서 멈추어 서서 게이트(Gate)와 같던 그 나뭇가지 아래를 한 사람 한 사람 지나던 순간은 매일매일의 의식과도 같았고, 눈을 감고 어린 시절 장소를 떠올려보던 세미나 시간은 그 소중한 기억이 수면 위로 떠오르던 순간이었다. 필자의 스케치는 가장자리, 문지방, 길 등 여러 공간 개념이 중첩되어 있었고 그 기억이 그만큼 강한 이미지로 각인된 이유가 이 책에서 고스란히 드러나게 된다.

필자가 대학에서 교편을 잡은 후 기회가 있을 때마다 학생들의 기억 스케치를 모으며 학위 논문의 주제를 학교에서의 장소성으로 정하게 된 것도, 딸아이를 키우며 어떤 장소가 아이의 기억에 어떻게 새겨질까 궁금해하던 것도, 개인의 체험을 중시한 질적 연구방법이 자연스럽게 이 책의 근간을 이루게 된 것도 모두 이러한 개인적인 경험과 연결되어 있다.

한국어판으로 번역, 출간하게 된 『학교·장소·기억(Creating a Sense of Place in School Environments)』은 어린 시절 우리들의 기억 한편에 접혀 있던 학교라는 장소가 어떻게 아이들의 인지 발달을 지원하고 어른들의 심상 속에 각인되는지를 탐구해 낸 긴 연구의 기록이다.

2007년 풀브라이트재단의 지원을 받은 첫 연구 주제인 하와이에서의 학교와 장소성 연구부터 서울에서의 운동장 없는 학교에 대한 연구, 2017년 네덜란드의 커뮤니티와 공유하는 학교 환경에 대한 연구까지 세 나라에 걸쳐 10년이 넘는 기간 동안 이루어진 이 연구에서 아이들이 애착을 가지는 학교내 장소가 어떻게 한 사람의 삶에 개입하는지 날것 그대로의 스케치들을 통해 학교 환경이 주는 엄청난 영향을 한눈에 확인할 수 있다.

지금 전 세계는 커뮤니티 내 공공시설로서의 학교뿐 아니라 온라인 교육이라는 새로운 패러다임, 그리고 이와 연결된 미래 교육으로의 변화 등 그동안 수면 위로 올라오지 않던 학교 관련 키워드들이 코로나 팬데믹 이후 주목받고 있다. 아이들이 매일 당연하게 등교하던 학교의 문이 닫히고 텅 비어 버린 교실에서 비대면 교육이 진행되면서 우리는 학교라는 존재가 아이들의 성장에 얼마나 소중한 곳이었는가를 비로소 깨닫게 되었다. 수업을 하는 곳으로만 인식되던 이곳이 아이들의 신체적, 사회적 성장이 이루어지던 곳이었다는 사실과 아이들에게 친구들과 어울릴 공간은 물론 마음을 가라앉힐 외부 공간, 그리고 완충지대로서의 반외부 공간 모두 필요로 하는 곳이었다는 사실을 알게 된 것이다.

이 책에서 밝혀진 것처럼 외부 공간으로 나가는 문 하나, 정성스럽게 옮겨 놓은 디딤돌 하나, 뜰을 바라볼 수 있는 창 하나, 공간을 이어주던 계단 몇 칸과 더위를 식혀주던 나무그늘 한 조각이 어떻게 아이들의 세계에 스며들어 남게 되고 심상의 세계를 넓혀 나가는지 알게 되면 우리는 학교 환경을 만드는 작업이 아이들의 정서발달과 인지 발달에 직접적으로 영향을 미치는 소중한 기회라는 사실을 깨닫게 된다.

이 책이 학교 환경을 만드는 건축가 뿐 아니라 정책 방향을 결정하는 교육 당국, 의사결정의 주체인 학교 관계자와 학부모 모두에게 고령사회로의 변화 와중에 축소되고 도심 재개발에 밀려 사라지는 학교의 존재가 소중한 아이들의 일상에 어떻게 개입하고 지원할지 고민하게 만드는 계기가 되기를 희망한다.

2022년 봄
전농동 캠퍼스에서 저자 이선영

서문

어린 시절의 장소(place)는 한 사람의 세상에 대한 정체성과 발달과정의 틀을 만든다. 아이의 환경에 대한 정서적 애착은 자아 개념과 세계에 대한 이미지 형성에 필수적이다. 이러한 어린 시절의 장소성(sense of place)은 아이의 현재 삶의 질(質)에 기여하고 영원히 각인된다. 어른이 되고 나서 우리는 머물렀던 장소의 기억들을 통해 어린 시절을 연결하곤 한다. 특정 순간을 추상적으로 파악하는 것은 어려운 일이기 때문이다. 어린 시절 물리적 환경으로부터 서서히 축적된 경험의 중요성과 위력을 이해하기 시작함에 따라, 어린 시절 장소의 질을 향상시키기 위한 연구는 아무리 강조해도 지나치지 않다는 것이 밝혀졌다.

아이들은 학교 세팅 내에서 갈수록 더 많은 시간을 보내며 학교 환경에서 장소성은 점점 더 중요해지고 있다. 학교가 아이들을 위한 '제2의 가정'이 되는 상황에서, 아이들이 환경에 더 깊이 몰입할 수 있도록 해주는 것은 아이들의 인지 발달뿐 아니라 정체성과 관련한 성장을 해 나가는 데에도 중대한 일이 되었다.

이 책의 목표는 초등학교 환경에서 장소성을 강화시키는 장소의 특징들을 규명하는 것이다. 이 책은 아이들의 학교 내 특정 장소에 대한 애착의 양상들과 그 장소의 질, 아이들의 행동 세팅(behavior setting)과 환경에의 의식 방식을 탐색한다. 필자는 아이들이 특정한 장소에 애착을 갖는 경우, 장소성을 구축하거나 강화시킬 수 있는 요인들이 존재할 것이라는 가정 아래 두 갈래의 연구를 실행했다. 그 중 하나는 학교 환경이 아이들에게 끼치는 장기적인 영향을 파악하기 위해 어른들을 대상으로 초등학교 내 기억의 장소를 조사한 것이고, 다른 하나는 아이들의 체험(lived experience)에 대한 연구이다. 현상학적 접근방식으로 질적 연구방법을 채택한 이 연구는 아이들의 체험을 더 잘 이해하기 위해 개별 아이들의 묘사 내용을 세심하게 검토했다.

이 책에서 소개한 연구는 세 곳에서 이루어졌다. 지역 특유의 온화한 날씨와 자연환경이 학교 세팅 내 제공되는 하와이, 급격한 도시화가 아이들의 넉넉한 놀이공간을 박탈해 버리며 조밀한 학교 환경을 불러온 한국의 서울, '브리드 스쿨(Brede school)'이라는 이름 아래 학교시설 내부에 커뮤니티 공유 시설을 두는 것을 당연하게 여기는 네덜란드, 세 곳이다. 이 연구의 가설은, 더 나은 장소성 구축의 기회를 제공하는 풍부한 분절과 질 좋은 공간을 가진 학교가 아동 발달에 긍정적으로 영향을 미치며 궁극적으로는 그런 환경을 일상적으로 경험했던 어른들에게 긍정적이며 생생한 기억을 각인시킨다는 것이다.

스케치와 글을 통한 묘사, 인터뷰를 통해 조사한 아이들의 체험은 학교 세팅 내 장소성을 강화할 수 있는 공간의 본질과 장소의 질을 드러낼 것이다. 그리고 아이들이 거론한 장소들의 물리적 세팅과 행동, 가치, 용도, 감각적·정서적 측면의 검토를 통해 우리는 학교 설계를 위한 중요한 일군의 지식을 얻을 수 있다.

학교 세팅 내 어른들의 기억의 장소와 아이들이 현재 체험하는 특별한 장소에 대한 경험을 연결할 때 우리는 건축 설계와 아동 발달 사이의 간극을 줄이며 장소성과 관련된 물리적 환경 및 아동 발달의 결과를 다룬 파편화된 연구들을 통합할 수 있다. 이 책은 아동 발달에 있어서 극히 중요한 장소성을 끌어낼 학교 환경을 설계할 때 고려되어야 하는 중요한 요소들을 제공해 줄 것이다.

1장
머리말

장소(place)란 개인이나 집단이 정서적 애착을 통해 의미를 갖게 된, 세상의 특정한 지점을 뜻한다. 하이데거(Martin Heidegger)는 실존 공간의 관점에서 장소의 의미를 설명하면서 공간(space)은 '공간'이 아닌 장소로부터 그 존재를 부여받는다고 기술하였다.[1] 장소는 인간 실존의 필수적 속성이며, 장소성(sense of place)은 세상에 의미를 부여하게 되는 인간의 기본 욕구이다. 공간은 정의되어 의미가 부여될 때에만 장소로 바뀔 수 있다.

1960년대 말 지리학에 대한 인본주의적 비평이 생겨난 이후, 1970년대에 노르베르그 슐츠(Christian Norberg-Shulz)와 렐프(Edward Relph), 투안(Yi-

---

1 Martin Heidegger, translated by Albert Hofstadter, "Building dwelling thinking," in *Poetry, Language, Thought* (New York, NY: Perennial Classics, 2001), 152-155.

Fu Tuan) 같은 현상학 학자들은 장소성이라는 개념을 활발하게 사용하기 시작했다.[2] 현상학적 접근의 서술적 속성은, 전통적인 양적·실증주의적 접근으로부터 탈피하여, 인간과 건조 환경 분야에서 의미와 상황, 경험의 기반으로 회귀하는 새로운 패러다임을 열었다. 연구방법에 이런 대안적인 접근방식이 도입되면서, 장소라는 주제는 지난 30년이 넘는 기간 동안 관련 분야 연구자들 사이에서 상당한 주목을 끌었다. 영향력 있는 저서 『장소와 장소상실(Place and Placelessness)』의 저자 에드워드 렐프는 오늘날 장소의 복권을 세 가지 다른 관점으로 바라보았다. 첫째 관점은 낭만주의와 향수를 부르는 형태를 통해 모더니즘에 맞서는 필사적 반응으로 보는 것이다. 둘째 관점은 쾌적하고 매력적인 공간을 통해 환경을 개선하려는 시도로 보는 것이다. 셋째 관점이자 장소에 대한 더 급진적인 관점은 새로운 유형의 장소 조성을 위해 장소의 실존적 중요성을 이해하려는 시도이며 이를 통해 시대에 뒤떨어진 접근방법들의 답습을 피하는 것이다.[3] 바로 이 세 번째가 인간을 둘러싼 환경 개선에 가장 많이 기여한 접근방식이자, 더 많은 관심이 요구되는 접근방식이다. 필자가 장소성과 환경의 질의 관점에서 다루고 있는 이 연구의 주제는 장소성을 물리적 인공물을 통해 구축할 수 있다는 믿음에 기반한 이 세 번째 입장을 취한다. "건축의 실존적 목표는 하나의 대지를 하나의 장소로 만드는 것, 즉 주어진 환경에 잠재적으로 존재하던 의미들을 드러내는

---

2   Michael E. Patterson and Daniel R. Williams, "Maintaining research traditions on place: Diversity of thought and scientific progress," *Journal of Environmental Psychology* 25(2005): 361-380.

3   Edward Relph, "Modernity and the reclamation of place," in David Seamon(ed.), *Dwelling, Seeing, and Designing; Toward a Phenomenological Ecology*(Albany, NY: State University of New York Press, 1993), 32-33.

것"[4]이기 때문이다.

장소성에 대한 담론은 종종 아이들이 겪는 환경 경험과 관련된다. 한 사람의 정체성은 그 사람의 장소 경험, 특히 인격이 만들어지는 형성기 동안의 장소 경험과 관계가 있다고 알려져 있다.[5] 어른이 어떤 한 장소에서 겪는 복잡한 경험은 아이의 경험과는 다를지라도, 어른들 개개인의 스키마(schemata)는 어린 시절 형성된 경험 구조와 개념적 지식이 축적된 결과물이다. 건축과 현상학 분야의 저명한 학자인 크리스티안 노르베르그 슐츠는 장소의 주된 개념인 실존 공간의 본질을 설명하기 위해 심리학자 장 피아제(Jean Piaget)의 아동 발달 관련 연구를 거론한다.

> 피아제는 객체와 정서적 교감 없이, 공간적·시간적 맥락에서 그 객체에 대한 이해 없이 어떠한 인지(cognition)에 도달하는 것은 불가능하다는 것을 실증적으로 보여 주었다… 인간은 공간, 즉 실존 공간에 대한 이해가 통합적인 부분을 형성하는, 구조화된 세상의 이미지를 서서히 구축한다. 이것은 아이가 세상에 대한 인지방법을 배운다는 것을, 유사성(similarity) 체계를 바탕으로 세상을 만든다는 것을, 그리고 특정 상황은 특정 장소들과 관련됨을 익힌다는 것을 뜻한다. 그러므로 장소 개념의 발달은… 주어진 환경에 적응하기 위한 필요조건이다.[6]

4 Christian Norberg-Schulz, *Genius Loci: Towards a Phenomenology of Architecture*(London: Academy Editions, 1980), 18.

5 Christian Norberg-Schulz, *Existence, Space & Architecture*(New York, NY: Praeger Publishers, 1971), 25.

6 Christian Norberg-Schulz, *Architecture: Meaning and Place*(New York, NY: Electa/ Rizzoli, 1986), 29.

장소 애착이 환경 적응(adaptation)에 끼치는 이러한 영향과 더불어, 특정 장소에 대한 어른의 인식은 때때로 어린 시절이 불러 일으키는 감정적 격류에 휘말린다.[7] 어른이 어떤 장소에 대해 가지는 인식 구조와 정서적 연결은 어린 시절 그 장소에서의 경험과 직접적인 관계가 있다는 뜻이다. 아이의 인지 발달에 있어 장소 애착이 차지하는 중요한 위상은 확장된 환경에 적응한다는 관점에서 볼 때 어른의 장소성을 이해하는 근간이 되는 것이다. 그러므로 어린 시절의 장소성은 한 아이의 현재 삶의 질에 기여하면서 지워지지 않는 각인으로 한 인간이 세상과 맺은 관계의 발전과정을 규명해 주고 틀을 형성한다.

그러나 아이의 발달시기 중 물리적 환경과 그 환경에 대한 아이의 애착이 가지는 중요성에도 불구하고 어린 시절의 장소 애착이라는 주제는 발달심리학의 다른 주제들에 비해 비교적 근래에 와서야 연구되었다.[8] 모든 사회적 환경은 물리적 환경에 속하므로, 물리적 환경은 아이들의 학습을 위한 매체로서 중요할 뿐 아니라 아이들의 정서적 생활을 위해서도 중요하다. 공간과 장소는 인간의 행동과 경험의 발달을 연구하는 분야에서 반드시 고려해야 하는 핵심적인 사항인 것이다.[9]

하지만 어린 시절 경험한 장소의 서로 다른 특성들의 장기적인 영향은 환경행태(environmental behavior) 연구자들에게 의문을 남겼다. 토

---

7 Yi-Fu Tuan, *Space and Place: The Perspective of Experience*(Minneapolis, MN: University of Minnesota Press, 1977), 20.

8 Harold M. Proshansky and Abbe K. Fabian, "The development of place identity in the child," in Carol Simon Weinstein and Thomas G. David(eds.), *Spaces for Children: The Built Environment and Child Development*(New York, NY: Plenum Press, 1987), 22.

9 Proshansky and Fabian 1987, 23.

머스 G. 데이비드(Thomas G. David)와 캐럴 사이먼 와인스타인(Carol Simon Weinstein)은 이 문제의 어려움이 특유의 환경요인과 개인별 특징, 발달에 따른 결과 사이의 상호작용을 동시에 연구하지 않았기 때문에 생긴다고 보았다.[10]

어린 시절 경험한 장소를 어른의 해당 장소에 대한 이해와 연결 지으려는 시도는 자서전과 기억 스케치(memory sketch) 같은 여러 접근방식을 통해 발견할 수 있다. 루이스 차울라(Louise Chawla)는 20세기에 집필된 자서전들에 등장한 어린 시절의 장소들에 대한 분석에서, 어린 시절에 겪은 장소나 출신지를 위험하거나 더럽거나 혼란스럽거나 황량한 곳으로 겨우 언급하거나 언급 자체를 철저히 거부한 저자도 몇 있지만, 대부분의 저자들은 이러한 어린 시절의 장소들을 어른들의 자아상을 형성시켜준 장소로 소중히 여겼다고 보고하였다.[11]

어린 시절의 장소에 대해 상세하게 묘사하는 글이 어린 시절 장소의 질들을 드러내는 단서 중 하나라면, 기억 스케치는 어린 시절에 겪은 장소의 시각적 특징을 다루는 또 다른 접근방식이다. 어린 시절 장소에 대한 스케치는 글로는 표현하기가 불가능할지도 모르는 시각적 추상화들을 상상할 수 있게 해준다. 우리는 이 두 가지 접근방식을 통해, 경험하고 각인된 그대로의 어린 시절 장소에 대한 잠정적 재현물들을 얻을 수 있다. 따라서 좋은 기억의 장소는 어른들의 애정 어린 기억의 장소가 지

---

10 Thomas G. David and Carol Simon Weinstein, "The Built Environment and Children's Development," in Carol Simon Weinstein and Thomas G. David(eds.), *Spaces for Children: The Built Environment and Child Development*(New York and London: Plenum Press, 1987), 5.

11 Louise Chawla, "Childhood place attachments," in Irwin Altman and Setha M. Low(eds.), *Place Attachment*(New York, NY: Plenum Press, 1992), 73.

닌 물리적 특징을 되짚어 추적하는 작업을 가능케 할 만큼, 그리고 문장이나 스케치로 상세히 묘사될 정도로 충분히 생생하다고 하는 것이 지나친 논리적 비약이 아닐 것이다. 그 다음 우리는 내재된 기억 속 장소의 총체적 본질까지는 아니더라도, 발달단계의 틀을 통해 어린 시절 기억의 장소를 의식하는 정도와 인지 방식을 조사할 수 있게 된다.

무어(Moore)가 질문했던 것처럼, 일부 학자들은 좋은 기억으로 남은 어린 시절의 장소의 본질에 대한 연구에 회의적이다. "어른들이 자신의 어린 시절 알던 장소들을 기억하는 것이 중요한 일인가? … 풍부하고 기억에 남을 좋은 이미지들을 기록으로 남길 수 있는 어른과 그러지 못하는 어른의 차이점은 무엇인가?"[12] 이 질문에 대한 필자의 대답은, 어른의 기억에 각인된 어린 시절의 장소는 그 사람의 삶의 질과 직접적으로 관련이 있다는 것이다. 우리가 아동 발달에 있어 물리적 환경의 중요성을 인정하면서 서서히 축적되는 장소에서의 경험이 가지는 위력에 동의한다면, 아동기 장소의 질 향상이라는 급박한 현안은 아무리 강조해도 지나치지 않다. 더 중요한 사실은, 장소성의 발달이 아동기의 중간단계에 직접 접하는 주위 환경에 대한 애착관계에 달려 있다고 보고된 것이다. 어린 시절에 생겨난 장소성은 온전한 커뮤니티의 보존을 기약하는 어른의 장소성으로 연결된다.[13]

토머스 G. 데이비드와 캐럴 사이먼 와인스타인이 다음에 표현한 것처럼, 우리는 어른의 기억에 남은 장소들과 아이들의 특별한 장소에 대한 현재의 경험을 연결하는 작업을 통해, 아동-환경 연구자들 사이의 소통

12 Chawla 1992, 83.

13 David Sobel, "A place in the world: Adults' memories of childhood's special places," *Children's Environments Quarterly* 7.4(1990): 5-12.

부족 탓에 흩어진 물리적 환경과 그 환경이 가져온 아동의 발달 결과에 대한 연구들을 통합시킬 수 있다.

교실의 물리적 세팅을 연구하는 교육전문가들은 유사한 연구를 수행하는 환경심리학자들과 거의 접촉이 없다. 이와 비슷하게, 건축학계에 적을 두고 있으며 더 나은 설계가 주된 관심사인 연구자들은 실험실에서 공간 인식을 탐구하는 아동 발달 학자들을 결코 만날 일이 없다. 아이들의 삶에 있어 공간이 가지는 역할과 관련하여 경험에 기반한 생각을 발전시켜 왔으나 위에 언급한 집단들 중 누구와도 교류한 적이 없는 디자이너와 전문치료사 같은 현업 종사자의 수도 상당히 많다.[14]

아이들이 표현하는 환경의 가치를 그 아이들이 어떻게 습득하는지에 대하여 상호 이해가 부족한 가운데 연구들 간에 간극이 만들어지므로 아이들의 환경 묘사를 바탕으로 한 장소성 분석에 초점을 맞춘 다양한 학문 분야에서의 연구가 이 간극을 메꿀 수 있을 것이다.

어린 시절의 활동 영역들(domains) 중에서 제일 중요한 장소는 가정이다. 그런데 학교와 동네에 있는 실외 놀이공간들이 아동 발달상 사회화 과정에서 더 중요해지고 있다.[15] 이 세 영역 중에서, 학교만이 사회적·문화적·물리적 요인이 어우러지는 유일한 장소이자, 아이가 하루의 대부분을 보내는 곳이다. 아이들끼리의 교류를 인지 발달을 위한 필수요소로 강

---

14 David and Weinstein 1987, 5.
15 Proshansky and Fabian 1987, 24.

조한 비고츠키(Vygotsky)의 언명도 학교 환경의 중요성을 뒷받침한다. 이러한 환경에의 강조는 그동안 피아제 이론에 지배되어 온 교육자들의 관점을 확장시켰는데, 그 이론은 아이들의 지식이 개인적인 경험으로부터 구성된다는 것이었다. 아이들은 방과 후 수업을 비롯해 갈수록 많은 시간을 학교에서 보낸다. 아이들에게 학교는 제2의 가정이 되었고, 따라서 학교에서의 장소성은 한층 더 중요해졌다. 환경이 더 많이 관여하게 되면 아이들은 더 앞선 인지능력을 발달시키고 더 긍정적인 자기정체성을 만든다. 하지만 학교가 아동 발달상 변화가 일어나고 유년기의 기억이 아로새겨지는 장소로 언급되는 일은 거의 없다. 학교는 대개 학습의 장소로만 여겨지기 때문이다. 그런데 신경과학 분야의 최근 연구가 「우리는 느낀다, 고로 우리는 배운다: 정서적, 사회적 신경과학과 교육의 관련성(We feel, therefore we learn: The relevance of affective and social neuro science to education)」이라는 최근의 논문에서 밝혔듯이, 심지어 이런 학습행위들 조차 아이들이 정서적 애착이 있을 때에만 가능한 것으로 알려졌다.[16] 학습에 있어 감정이 끼치는 영향과 정서적 환경의 중요성은 그러한 질 높은 학교 환경을 제공하는 문제가 결코 무시되어서는 안 된다는 것을 시사한다.

이 책의 목표는 초등학교 환경에서 장소성을 강화시키는 특징들을 정확히 파악하는 것이다. 학교 공간을 기억의 장소로 전환시킬 수 있는 가능성을 끌어내기 위해, 어른들의 기억 뿐 아니라 아이들의 스키마에 살아있는 메커니즘을 추적하여 아이들이 현재 경험하고 있는 학교 내 장소들과 어른들의 기억의 장소들을 탐구하려 한다. 조사대상에는 학교

---

16 Mary H. Immordino-Yang, et al. "We feel therefore we learn: The relevance of affective and social neuroscience to education," *Learning Landscapes* 5.1 (2011): 115-131.

세팅 내 장소들에 대한 아이들의 애착 양상, 장소의 질, 아이들의 행동 세팅, 환경을 의식하는 방식이 포함된다. 이 연구는 장소성을 창출하거나 강화시키는 요인들이 있을 때에 한하여 아이들은 특정 장소에 대한 애착을 발전시킬 수 있다고 가정한다.

이 연구는 특유의 온화한 기후가 아이들과 환경 사이의 상호작용을 연구하는 데 이상적인 세팅을 제공해주는 하와이에서 주로 행해졌다. 마지막 장(章)에서는 하와이와는 어느 정도 상이한 두 사례를 비교하여 앞서 수행한 연구를 업데이트했다. 아이들의 학교 내 장소의 본질을 전달하는 매체로는 학교 가이드 맵과 좋아하는 장소에 대한 스케치, 해당 공간에 대한 글과 인터뷰를 활용했다. 학교 세팅에서 어른들의 기억의 장소와 아이들의 선호 장소에 대한 서베이를 통해 그러한 장소들의 특징이 드러날 것으로 기대하였다. 이 연구는 장소성을 창출하는 특징을 가진 학교는 어린 시절의 발달에 긍정적인 영향을 줄 것이고, 궁극적으로는 어른들의 기억에 긍정적이고 생생한 기억을 각인시킬 것이라고 가정한다.

이 연구를 위해 특별히 두 가지 가설이 세워졌다. 첫 번째 가설은 분절이 많은 학교 환경은 더 강한 장소성을 만들어 낼 것이라는 것이다. 두 번째 가설은 장소성을 빚어내는 특정한 종류의 물리적 특징이 존재한다는 것이다. 이러한 가설하에 아이들이 현재 교내의 장소에서 겪는 체험을 분석하고 그것을 어른들의 어린 시절 학교에서의 장소에 대한 기억과 비교하는 과정에서 장소성의 발달 패턴이 드러나게 된다. 무엇보다도 학교 세팅에서 긍정적인 장소들을 만드는 데 필요한 지식과 고려 사항들이 발견될 것이다.

2장에서는, 장소의 보편적 특징을 살펴보는 것부터 시작해서 어린 시절에 겪은 장소에 대한 어른들의 기억 스케치를 검토할 것이다. 3장에서는 물리적 환경의 관점에서 아이들의 발달 양상에 대한 이해를 간단히 다룬 후에, 아이들이 가진 장소성의 특징을 서베이의 분석 틀로써 검토할 것이다. 4장은 현상학적 접근방식과 질적 연구의 관점에서 이 연구의 방법론을 검토한다. 스케치와 가이드 맵, 설문지, 인터뷰를 비롯한 서베이 방법들을 설명한 후, 이어지는 5장과 6장에서 본격적인 연구내용을 기술할 것이다. 5장은 건축학을 전공하는 학생들을 대상으로 수행한 조사를 통해 어른들의 어린 시절 학교에 대한 장소의 기억을 분석하고 논의한다. 6장은 학교 환경 내 장소성 구축을 위한 핵심 고려사항의 관점에서 아이들과 어른들 대상 서베이를 교차확인하기 위해, 하와이의 세 학교의 아이들을 대상으로 수집한 스케치와 인터뷰를 활용해 학교 환경에 대한 아이들의 경험을 논의하고 분석한다. 7장에서 우리는 다양한 학교들, 특히 도시화과정에서 늘어나고 있는 학교 유형인 집약형 미니 스쿨과 커뮤니티 공유 학교의 설계과정에서 장소성의 구축이 얼마나 무시되었는지 살펴볼 것이다. 해당 장에서는 아이들이 겪는 정서적인 문제와 발달과정상의 문제들, 즉 전통적인 학교공간들이 변하는 맥락에서 세심하고 신중한 방식으로 다룰 필요가 있는 문제들을 점검할 것이다. 마지막 장에서는 아이들의 장소성 형성과 관련하여 학교설계에서 다룰 필요가 있는 이슈들을 논의하고 어떻게 다양한 학교 환경이 미래를 준비할 수 있는지 논의할 것이다.

2장
장소성

2.1 장소성의 정의와 특징

'장소'란 개인이나 일군의 사람들이 특정한 물리적 지점에 대해 가지는 강한 정서적 유대감을 의미한다. 단어의 정의상 장소는 사람들의 체험과 관련이 있으며 어떤 장소에 대한 경험은 행태나 행동 분석을 통해 설명하는 것이 불가능한 무형의 것이다. 어떤 장소에 대한 경험은 공간 관련 요소 간의 추상적 조합이 아니라, 시각적·후각적·청각적·촉각적 맥락이 동반되는 실제 현상이므로 해당 장소에 거주하는 사람들만이 그의미를 이해할 수 있다. 장소는 설명의 대상이라기보다는 서술의 대상으로, 장소의 이런 포괄적인 본질은 다양한 해석과 학제간 관점을 가능하게 해준다. 하지만 명료한 개념에 도달하기 어렵고 단어의 정의에 바탕을 둔 합의가 오히려 장소라는 개념을 약화시키므로 장소 연구의 적용은 활성화되지 않았으며 그 결과 장소성과 연계하여 설계하는 실천 행위를 미개척 분야로 남게 만든다. 그럼에도 장소 기반 환경 연구 방식은 사람들을 위한 장소의 의미를 우리가 이해하도록 도와준다는 측면에서 독특한 힘을 갖고 있다. 그 접근방식은 장소성이 시공간 내에 존재할 때 형태와 사람과 의미를 동시에 연구할 것을 요구하기 때문이다.[1]

패터슨(Patterson)과 윌리엄스(Williams)는, 아직 미개척 연구라는 측면과 별개로 포괄적인 장소 개념을 바탕으로 한 이론의 타당성을 정당화한다. 그러면서 그들은 명료하지 못한 이론을 정당화하는 렐프를 인용한다. 렐프는 "정밀한 개념 정의를 기다리는 형식적인 개념이 아니다."라고 언급한다. "⋯ 명료함은 정확성을 도입해서 달성할 수 있는 것이 아니라, 임의적인 개념 정의를 통해 달성할 수 있다." 이들은 "장소 관련 개념들을 작동시키려는 시도는 장소의 현상학적 본질을 소멸시킨다. 심리-사회적 환경은 그것의 부분들의 합보다 크기 때문이다."[2]라고 말한 시몬(Seamon)과 의견을 같이한다.

실존 공간(existential space, 하이데거, 노르베르그 슐츠), 경험과 상호작용(experience and interaction, 렐프), 경험적 관점(experiential perspective, 투안), 공간 내부의 일상적 움직임(everyday movement in space, 시몬) 등 장소 관련 담론을 다루는 다양한 이론적 맥락과 학문이 존재한다. 노르베르그 슐츠는 기념비적인 저서 『장소의 혼: 건축의 현상학을 위하여(Genius Loci: Towards a Phenomenology of

---

1 Kim Dovey, "An ecology of place and placemaking: Structure, processes, knots of meaning," in Kim Dovey, Peter Downton and Greg Missingham(eds.), *Place and Place Making*(Melbourne: Proceedings of the PAPER 85 Conference, 1985), 93-109.

2 Michael E. Patterson and Daniel R. Williams, "Maintaining research traditions on place: Diversity of thought and scientific progress," *Journal of Environmental Psychology* 25.4(2005): 361-380.

Architecture)』에서 그가 사용하는 장소의 개념과 관련해 두 가지 가정을 한다. 하나는 어떤 장소에서 서로 다른 '콘텐츠'를 수용하는 '역량'이고, 다른 하나는 다른 방식으로 '해석'하는 가능성이다.[3] 투안은『공간과 장소(Space and Place: The Perspective of Experience)』에서 한 단계 더 상세하게 설명한다. "하나의 객체나 장소는 그것에 대한 우리의 경험이 총체적일 때, 즉 우리의 모든 감각뿐 아니라 활성화된 성찰을 거쳐 경험하게 될 때 구체적인 실재에 도달하게 된다."[4] 이 설명들은 하나같이 장소성의 본질을 전문가들이 작업한 의도적 설계의 결과물이라기보다는, 특정한 지점의 경험에서 수동적으로 발견되는 어떤 성질로 가정하는 듯 보인다. 장소성이 개인적 경험이라는 의미에서, 그리고 애착을 부르는 세팅의 특정한 물리적 특징으로 장소성을 정의하기가 쉽지 않다는 점에서, 그러한 가정이 어느 정도는 옳다.

이 분야의 연구자들 중에는 장소의 구조를 장소-경험과 기본적 공간 요소로 이루어진 건축 형태 간의 연결이라고 개략적으로 정의하는 이들이 일부 있다. 그 연구자들 사이에도 이견이 있기는 하지만 말이다. 그런데, 장소 담론에서 경험의 측면을 강조하다 보면 특정 장소의 물리적 구조를 무시하는 경향이 있다.[5] 하지만 한 사람이 특정한 장소에서 겪은 경험이 다른 사람의 경험과 겹쳐질 수 있다는 사실을 받아들인다면, 우리는 장소성을 빚어내기 위한 전략을 발전시킬 수 있다. 개인적

---

3 Norberg-Schulz, Christian, *Genius Loci: Towards a Phenomenology of Architecture*(London: Academy Editions, 1980), 18.

4 Yi-Fu Tuan, *Space and Place: The Perspective of Experience*(Minneapolis, MN: University of Minnesota, 1977), 18.

5 이 요소들은 건축 형식에 물리적으로 나타날 수도 있고 그렇지 않을 수도 있는 경험적 범주들이라고 킴 도비는 강하게 주장한다. Dovey 1985, 94.

애착이 동일한 장소에서 상이한 방식들로 만들어진다 하더라도 말이다. 총체적인 의미에서 볼 때 장소는 물리적이기보다는 경험적이므로, 그곳을 "경험에 의해 구축된 의미의 중심"이라고 서술했던 투안과 "우리의 의도와 목적, 태도, 경험의 집약체"[6]라고 서술했던 렐프를 인용하며, 킴 도비(Kim Dovey)가 장소의 보이지 않는 경험을 강조한 것처럼 설계를 통한 물리적 조작은 그만큼 심각하게 시도되지 않았다. 그런데 노르베르그 슐츠가 "건물(건축물)의 실존적 목적은 어떤 대지를 하나의 장소로 만드는 것"[7]이라고 말한 것처럼 장소 만들기(place-making)의 의미에 초점을 맞춘다면, 물리적 형태조작에 설계가 개입하는 작업은 건조 환경이 인간의 느낌과 지각을 정제하여 사람들에게 영향을 줄 수 있다는 점에서 필연적인 작업이다.[8] 풍토건축이 해당지역의 토착 재료, 건물 유형학, 정주 패턴, 상징적인 의미를 통해 장소성을 만들어 낼 수 있는 반면, 전문적인 건축 설계는 감각을 정의하고 무한한 건축형식과 재료, 기술로 그 감각을 표현함으로써 그러한 장소를 구축해 낼 수 있다. 각 장소들 간의 역학이 다양한 상상을 펼칠 수 있게 해주기 때문이다.

필자가 주장하는 것은 특정한 물리적 특징들의 존재가 장소성의 구축을 도와준다는 것이다. 어떤 공간에 건축물이 전혀 개입되지 않더라도 장소성은 만들어질 수 있으므로, 장소성을 낳는 이러한 (자연적이거나 인공적인) 물리적 특징이 있음을 주장하는 것은 여전히 가설 상태에 머물러 있다. 어떤 공간이 장소로 전환되는 순간을 규정하는 합의된 규칙이 없으므로, 그리고 장소로 정의되려면 물리적 요소의 차원을 뛰어넘는 무엇

---

6 Dovey 1985, 94.

7 Norberg-Schulz 1980, 18.

8 Tuan 1977, 102.

인가가 필요하므로,[9] 장소성을 구축하는 촉매인 듯 보이는 공간배치 형태가 그룹으로 진지하게 묶여 취급된 적은 없었다.

많은 학자들이 다양한 장소 담론의 맥락상 꾸준히 언급하는 공간 배치형식들이 있다. 예를 들어 하이데거(경계boundary), 노르베르그 슐츠(중심center, 경계boundary, 길path), 무어(길path, 패턴pattern, 가장자리edge), 린치(Lynch: 랜드마크landmark, 구역district, 결절점node, 길path, 가장자리edge), 렐프(안-밖inside-outside), 마이스(Meiss: 제한limit과 문턱threshold, 길path과 방향감각orientation) 등이 언급한 개념들이다. 공간과 관련된 이런 개념들이 반드시 시각적으로 엄격하게 규정되는 것은 아니지만, 단어의 의미를 꾸준히 재조정하는 관점에서 볼 때 모호함은 종종 큰 도움이 된다.[10] 그리고 하나의 장소를 특정한 공간 전략으로 틀 지우면 더 나은 장소성 구축을 위해 지향해야 할 방향을 제시할 수 있다. 이런 공간적 배치 형태들은 '경계', '중심', '길', '문턱(전이공간)', '가장자리'로 범주화가 가능하다.

경계 Boundary

"경계는 무엇인가가 멈추는 곳이 아니라 무엇인가가 그 존재를 시작하는 곳"[11]이라는 하이데거의 언명은 하나의 장소와 관련된 경계의 본질을 가장 잘 묘사한다. 공간이 장소로 전환되는 것은 경계의 문제이기에

---

9 Jonathan D. Sime, "Creating places or designing spaces: The nature of place affiliation," in Kim Dovey, Peter Downton, and Greg Missingham(eds.), *Place and Place Making*(Melbourne: Proceedings of the PAPER 85 Conference, 1985), 275-291.

10 도비는 의미의 가능성은 건축 형태에 의해 창조되거나 거부되지만 그것에 의해 결정되거나 전적으로 제한을 받는 것은 결코 아니라고 주장한다. Dovey 1985, 95.

11 Martin Heidegger, translated by Hofstadter, Albert, "Building dwelling thinking," in *Poetry, Language, Thought*(New York, NY: Perennial Classics, 2001), 152.

경계는 장소 형성에 가장 기본적인 특징이다. 경계는 공간을 장소로 탈바꿈시키는 도구로서, 안(inside)과 밖(outside)을 규정한다.¹²

우리가 존재하는 위치가 일련의 장소들로 설명될 때, 우리의 위치 확인은 거시적인 것에서 미시적인 것으로 또는 미시적인 것에서 거시적인 것으로 경험된다. 건조 형태(built form)는 처음에는 경관에 의해 거시적으로 결정되는데 인간이 실존 공간을 구체화하는 과정에서 자연 공간만으로는 충분하지 않기에 우리는 자연을 수정한다. 현실적으로 참고지점이 부족한 대평원에서, 주위를 둘러싼 외부에 대비되는 내부를 규정하기 위해 위요공간을 만들어야만 하는 것이다. 자연적이든 인공적이든 간에, 어떤 물리적 형태가 장소를 보호하고 규정하여 하나의 특징을 확고히 만들 때, 그것은 규모와 무관하게 하나의 경계로 간주된다. 이러한 프라이버시와 접근, 스케일을 통제하는 뚜렷한 구분은 장소의 구축에 기본적으로 중요하다.

중심Center

중심은 하나의 장(場, field)을 만들어 내며 공간 내 특정 위치를 시각적으로 표시한다. 시각적인 장에서 중심의 존재가 느껴질 때, 그것이 위치상 중심에 있건 중심을 벗어나 있건, 물리적 형태로 보이건 보이지 않는 빈 공간으로 있건 시각적 긴장이 만들어진다.

세상의 중심으로서 집을 인식한다는 것은 그것을 한 사람의 첫 기준점으로 만든다. 그것은 한 사람이 공간 내에 '머무르고' '살아갈' 수 있

---

12 Sun-Young Rieh, "Boundary and sense of place in traditional Korean dwelling," *Sungkyun Journal of East Asian Studies* 3.2(2003): 62-79.

는 지점이다. 따라서 중심은 알지 못하는 것과 대비되는 아는 것을 나타 낸다.**13** 노르베르그 슐츠는 이렇게 설명한다. "따라서 장소 개념에는 두 가지 의미가 있다. 행위의 장소와 출발점… 개인은 그런 기준점(또는 기준 점으로 구성된 시스템)을 가질 때에만 의미 있게 행동할 것이다."**14** 실존과 자 기중심적 공간 사이 긴장으로 본 인간의 상황은 "편안한 곳"과 "그 밖의 곳" 같은 표현을 가능하게 한다. 한 사람의 여정은 늘 출발점과 도착점 을 미리 설정하기에, 장소에 대한 우리의 이해는 '원심적'이거나 '구심 적' 개념과 관련된다. 그러므로 실제 접하는 공간의 중심과 실존 공간의 중심이 일치하면, 우리는 집에서 느끼는 편안함을 느끼게 된다.**15** 이것 이 장소성이다.

길Path

길은 지각으로 혹은 스키마로 연속성을 갖는 인간 실존의 기본 속성을 대표한다.**16** 경계는 장소들을 나누는 반면, 길은 그것들을 이어준다. 그 러므로 길은 한 장소에서 다른 장소로 이동하는 경험에 내재되어 있다. 장소성의 기본적 본질은 공간 내 방향감을 유지하려는 우리의 내면 욕 구를 만족시키는 것을 가정한다. 우리가 어느 곳에 머무르거나 한 장소 에서 다른 장소로 이동할 때, 길은 방향감을 가진 이동을 가능하게 해주 며 주어진 장소나 출발점, 지나간 것과 목표지점, 도래할 것에 우리를 위

---

13 Christian Norberg-Schulz, *Existence, Space and Architecture*(New York, NY: Praeger, 1971), 19.

14 Christian Norberg-Schulz, *Architecture: Meaning and Place*(New York, NY: Electa/ Rizzoli, 1986), 11.

15 Norberg-Schulz 1986, 30-31.

16 Norberg-Schulz 1971, 21-22.

치시키는 기준점을 제공한다.[17] 따라서 길은 시간과 움직임에 깊은 관계가 있다. 단위 공간 내 연속적 경험은 공간 구조에 의해 결정되고, 한 사람의 경험은 길의 영향을 받는다.

미지의 영역을 경험할 때, 사람들은 시작하는 위치로부터의 방향감각을 유지하려 애쓴다. 출발점과 기준점 또는 랜드마크 사이를 연결 지으며 비로소 사람들은 한 장소 내에서 불안감 없이 스스로를 위치시키게 된다. 그러므로 길은 해당 환경 내에 물리적으로 구축된 것이건, 심리적 시퀀스(sequence, 연속장면)에 의해 만들어진 것이건 상관없이 한 장소에 대한 기본적인 경험이다.

길은 내부와 외부, 중심을 이어주며 문턱과 연결된다. 또한 행동 영역(behavior domain)과 지각영역(perceptual domain) 사이를 연결한다. 길은 경계와 겹쳐질 수도 있고, 때로는 벽과 나무, 건조물에 의해 구획된 하나의 장소 그 자체로 존재할 수도 있다.

문턱Threshold

길과 경계가 교차하는 지점에는 문턱(전이공간)이 만들어진다. 문턱은 어떤 장소로 들어가는 공간적인 전이(transition)이다. 경계와 길이 장소를 만드는 기본적 속성이 되는 것처럼, 문턱은 장소의 또 다른 필수적 속성이 된다. 어떤 장소로 들어갈 때, 우리는 한 공간을 다른 공간과 구분하고 '내부'를 '외부'와 분리하며, '여기'를 '저기'와 분리하는 공간 전이를 경험한다. 문턱은 '또 다른' 세계로 들어가는 통로의 존재를 가능하게

---

17 Pierre von Meiss, *Elements of Architecture: From Form to Place*(New York, NY: Van Nostrand Reinhold International, 1990), 154-156.

만들고, 강한 경계로 깊은 문턱을 형성하여 내부와 외부를 구분할 때 우리는 장소성을 경험한다.

두 개의 서로 다른 장소 사이의 관계 혹은 어떤 장소의 내외부 사이의 관계에는 두 가지 측면의 상호의존성이 존재한다. 문턱은 분리와 연결을, 구별과 전이를, 중단과 연속을, 경계와 횡단을 만들어 낸다.[18] 마이스는 이렇게 설명한다. "문턱과 전이 공간은 순서에 맞춰 장소들—세계가 스스로 반전되는 장소들—이 된다. 계단, 처마, 정문, 출입문, 발코니, 창문은… 하나같이 이런 공간의 전도를 위한 제어장치들이다."[19]

문턱은 어떤 제한의 투과성을 제어하면서 우리가 신체적으로 혹은 시각적으로 그 제한을 가로지르게 해준다. 한 장소의 경계나 제한은 문턱을 통해 그 존재를 드러낸다. 문턱을 경험하는 순간이 바로 우리가 내부 아니면 외부에 속해 있다는 것을 깨닫는 순간이기 때문이다.

문턱은 통제를 위한 방어적 독립체로 역할을 하거나, 때로는 건축물 내부에 상징적인 의미를 만들어 내는 의례적 기능을 갖는다. 따라서 문턱은, 분명하게 드러나 있건 미묘하게 감지되건, 장소의 제한과 관련된 본질적이고 필연적인 공간 요소이다.

가장자리 Edge

시각적으로 뻗어 나간 공간이 끊겼다고 우리가 느낄 때 그 단절은 가장자리로 지각된다. 기본적으로 가장자리는 두 개의 공간을 대조시켜 서로 강화되도록 만드는 두 개의 형태 시스템에 대해 정체성을 부여한다.

---

18 Meiss 1990, 148.
19 Meiss 1990, 148.

어떤 사람이 한 장소에서 자신의 위치를 가늠할 때, 상반되는 특징들(궁정적/부정적, 채워짐/비움, 밝음/어둠, 넓음/좁음, 천연/인공, 거칠음/부드러움, 질서/혼란)[20]에서 비롯된 긴장은 강렬한 시각적 기준점을 제공함으로써 도움을 준다. 두 개의 서로 다른 모습의 단절은 공간에 긴장을 조성하고, 이러한 공간적 파열은 강렬한 상상 속 장소성을 만들어 내면서 우리로 하여금 접근 가능한 '여기'와 접근이 불가능한 '저기'를 이을 수 있게 해준다.

가장자리는 강렬한 해안선이나 절벽, 혹은 천연의 두드러진 생태적 특징처럼 자연적이거나 인공적 세팅일 수도 있다. 건조 환경에 초점을 맞출 때, 시스템 내부의 파사드(façade)와 난간, 벽, 베이, 접힌 공간은 가장자리로 여겨지는 전형적인 요소들이다.[21] 건조 환경에서의 패턴 변화도 가장자리가 될 수 있다. 한 장소의 경계 또한 그 장소의 한계로 여겨질 때 가장자리로 기능할 수 있는 것이다. 가장자리는 하나의 단순한 독립체로 재현되고 접근이 불가능한 것을 그 특징으로 하는 경향이 있으므로, 가장자리에 대한 지각은 어떠한 다른 공간 요소와 비교해서도 더 강렬할 수 있다.

2.2 기억 스케치에서 장소 유발기제 발견하기

어린 시절은 한 사람이 시간의 흐름 속에서 자의식을 갖게 되면서 특유의 자기 인식을 추구하기 시작하는 특별한 시기다. 어른들은 장소에 대

---

[20] Meiss 1990, 44.

[21] Kent C. Bloomer and Charles W. Moore, Body, *Memory, and Architecture*(New Haven, CT: Yale University Press, 1977), 100-104.

한 기억과 그 장소와 연관된 사건들을 연결하면서 어린 시절을 재구성하는 경향이 있다. 특정한 시간을 추상적으로 파악하는 건 어려운 일이기 때문이다.[22] 아이들의 몸과 정신에 새겨지는 기억은 스키마로 새롭게 만들어진다. 개별의 스키마를 형성하는 것은 의미 있는 과정으로, 이 과정이 없다면 아이들은 개인으로 존재한다는 의식을 갖지 못한 채로 세상에 내동댕이쳐질 것이다. 아이들의 마음에 투영된 기억을 조사해 보면, 아이들이 어린 시절의 그런 기억을 어떻게 만들고 왜 기억에 새겨 넣었는지에 대한 중요한 정보를 얻게 된다. 설령 "모든 지각 행위는 본질적으로 해석과 투사(projection), 창작(creations), 의도와 상상의 산물인 바 상상력을 요구하는 창작과 지각 행위"라 할지라도 말이다.[23] 그러므로 실제 세상을 겪으면서 이끌어 낸 아이들의 독특한 상상적 경험은 개별적 해석을 통해 뇌리에 박히게 되고, 건축은 그들이 세상에 존재한다는 느낌을 또렷하고 짙게 새겨준다.[24]

가스통 바슐라르(Gaston Bachelard)는 어린 시절의 기억을 항상 추상적인 공간 조합이 아닌 아늑한 구석이나 특별한 코너처럼 집안에 있던 구체적 공간과 관련지어 묘사했다.[25] 그는 이렇게 썼다.

"건축은 우리의 몸으로부터 태어난다. 우리가 심오한 건축을 경험할

22 Clare Cooper Marcus, "Environmental Memories," in Irwin Altman and Setha M. Low(eds.), *Place Attachment*(New York, NY: Plenum Press, 1992), 89.

23 Sarah Robinson and Juhani Pallasmaa(eds.), *Mind in Architecture: Neuroscience, Embodiment, and the Future of Design*(Cambridge, MA: The MIT Press, 2015), 69.

24 Juhani Pallasmaa, *The Embodied Image: Imagination and Imagery in Architecture*(Chichester: John Wiley & Sons, 2011), 59.

25 Gaston Bachelard, translated from the French by Jolas, Maria, *The Poetics of Space*(Boston, MA: Beacon Press, 1964), 12-17.

때 그 건축이 우리의 실재감을 강화하므로, 우리는 감각과 상상력을 해방시키기 위해⋯ 우리의 몸으로 돌아간다."[26]

메를로 퐁티(Merleau-Ponty)가 다음과 같이 묘사했듯, 그 기억은 부서진 기억의 조각들을 조립한 것이 아니다. "내 지각은⋯ 나에게 주어진 시각적, 촉각적, 청각적 사실들의 총합이 아니다. 나는 내 존재 전체를 통해 총체적인 방식으로 지각한다."[27] 어린 시절의 장소는 뒷배경이 아니라, 영속적 인상들이 각인되고 모든 결절점이 시각적 흔적을 남기는 ―그리고 하나하나의 움직임이 그 장소와 관련되어 일어나는― 상호작용의 구체적 결합이다. 바슐라르는 저서 『공간의 시학(Poetics of Space)』에 이렇게 썼다.

그렇다면, 우리들은 제각기 자신이 겪은 길과 교차로, 길가에 놓인 벤치에 대해 얘기해야 할 것이다; 제각기 망각된 들판과 목초지를 담은 측량사의 지도를 작성해야 한다⋯ 이리하여 우리는 우리가 체험한 곳들을 그린 스케치들로 세상을 덮는다. 이 스케치들이 정확할 필요는 없다. 우리 내면의 빛깔로 물들여져 있기만 하면 된다⋯ 그곳에는 내면에 스며들지 못한 내밀성이란 존재하지 않는다. 모든 내밀한 공간은 끌어들이는 힘이 있다. 그들의 존재(being)가 바로 행복이다. 이런 조건들 아래에서, 장소분석은 장소애(topophilia)의 징후를 나타내고, 피난처와 방들은 이러한 가치에서 연구될 것이다.[28]

---

26 Pallasmaa 2011, 70.
27 Pallasmaa 2011, 60.
28 Bachelard 1964, 11-12.

그것은 몸과 마음이 통합되는 그 사람의 내면의 공간이 반영된 곳이기도 하다. 바슐라르가 더 자세히 설명한 것처럼, 그 성찰은 그 개인에게 생생한 기억을 각인시킨다. "언덕의 '힘겨운 오르막'길을 역동적으로 다시 체험할 때, 나는 그 길 자체가 근육을 갖고 있다는 것을, 아니, 근육에 저항하는 반 근육(counter-muscle)을 갖고 있다는 것을 확신한다."[29] 그의 몸에 새겨진 미묘한 느낌들은 어느 특정한 장소의 지형을 묘사한다. 아이의 관점에서 보면 그 공간의 스케일(scale)은 과장될 수도 있다. 그의 글은 계속 이어진다.

> "나만이, 지난 세기에 대한 내 기억 속에서 여전히 나에게만 독특한 내음을 간직하고 있는, 선반 위에서 말라가는 건포도의 냄새가 밴, 깊은 벽장을 열 수 있다. 건포도 내음! 그건 뭐라 형언할 길이 없는 냄새, 그걸 맡으려면 상당한 상상력을 발휘해야 하는 냄새이다."[30] 장소에 대한 색다른 기억 속으로 아이가 근육으로 느끼는 감각과 후각이 열린 것이다.

에디스 콥(Edith Cobb)은 어린 시절의 상상력에 대한 기념비적인 연구에서 주위 환경을 파악하는 아이의 독특한 능력이 아동 발달에 원동력을 제공하고, 인간을 다른 유기체와 차별화해 준다고 가정한다.[31] 창의적이고 긍정적인 정신 과정은 새로운 정보와 외부세계에 대한 '연속 반

---

29 Bachelard 1964, 11.

30 Bachelard 1964, 13.

31 Edith Cobb, *The Ecology of Imagination in Childhood*(New York, NY: Columbia University Press, 1977), 15-25.

응의 가소성(plasticity)'을 통해 형성되므로[32] 정보를 단순히 축적하는 것만으로는, 피아제 용어를 빌리자면, 아이가 환경에 '동화(assimilate)'하고 그에 맞게 '조절(accommodated)'하기에 충분치 않다. 점점 커지는 외부 지각과 더불어 지배적으로 변하는 지각의 진화적 특징에 대한 콥의 설명[33]은 어른들이 기억의 장소를 회상할 때 어린 시절의 기억이 그토록 생생한 이유를 알려준다. 우리는 세상에 대한 아이의 마음 속 이미지에 영향을 끼치는, 어른의 기억에 묘사된 환경의 실제 질에 주목해야 한다.

우리가 장소에 대해 얘기할 때, 그 장소에는 물리적 세팅뿐 아니라 사회적·문화적 요인도 포함된다. 특정한 장소에 대한 심적 이미지를 만들려면, 개인적으로 그 장소에 대해 신체적·감정적으로 관여되는 것이 필수적이다. 어린 시절의 신체적·감정적 세팅은 개인의 기억에 깊숙이 구체화되고, 그 시절을 회상할 때 소중한 장소성으로 기억의 수면 위에 떠오른다. 어른들이 회상하는 구체적 장소에 대한 심적 이미지를 탐구하는 접근방식이 몇 가지 있다. 그 중 하나가 장소성이라는 주제에 관심을 가진 학자들이 개발한 기억 스케치 방법이다.

공간의 지도를 스케치하는 작업은 개인의 스키마를 의미 있게 재현해 준다. 정서적 애착은 개인적인 흔적에 주목하여 그것을 각인시키도록 만든다. 그래서 한 사람의 잠재의식에 내재된 어떤 장소에 대한 개인적인 스키마는 그것을 만든 특정 장소의 특징을 가늠할 수 있게 하는 놀라운 정보를 제공한다. 이것은 개인들이 어떻게 그들 마음속에 특정한

---

32 Edith Cobb, "The ecology of imagination in childhood," in Shepard, Paul and McKinley, David(eds.), *The Subversive Science: Essays Toward an Ecology of Man*(New York, NY: Plenum Press, 1969): 122-132.

33 Cobb 1969, 127.

장소들을 저장하는지를 밝혀주는 가장 강력한 접근방법이다. 한 개인의 그림 실력과 발달단계가 그 스케치의 신뢰성에 영향을 줄 수 있기에 설령 그 기억이 어느 정도는 못 미더운 것으로 간주되더라도 말이다. 그런 구체적인 이유 때문에, 말로 하는 설명과 글로 쓰는 서술과 더불어, 커다란 장소에 대한 개인의 기억을 작은 종이에 끌어다 놓는 방법으로서 기억 스케치를 통한 정보취득은 매우 중요하다. 한 사람의 인생에서 그의 주의를 끌고 스키마를 형성하며 결국에는 기억의 장소로 남은 장소는, 평생토록 각인되어 아이의 기억에 남겨진 요인들이라는 측면에서, 폭넓은 정보 스펙트럼을 드러낸다.

어른들의 기억 스케치는 어린 시절에 겪은 장소가 끼친 영향을 보여주며, 그가 의미 있게 시간을 보낸 곳이 어디인지를 드러낸다. 특정한 장소가 어른의 기억에 새겨지고, 스케치에 표현되는 것이다. 설령 어린 시절의 기억은 과장되고 과거 사실들에 가치가 덧붙여지는 경향이 있기는 하지만 말이다. 레이첼 세바(Rachel Sebba)는 이 덧붙여진 가치를 "어린 시절 환경에 연계된 정서적 짐의 결과물"이자 "이 시기를 이상화하려는 경향"으로 간주한다.[34]

클레어 쿠퍼 마커스(Clare Cooper Marcus)의 기억 스케치에 관한 장기간의 연구는 특히 중요하다. 그녀는 다년간 캘리포니아대학교 버클리 캠퍼스의 건축학과와 조경학과 학생들에게 어린 시절에 겪은 환경 중에서 가장 즐거운 기억으로 남은 환경을 스케치로 그리고 그곳에 대한 글을 적어 달라고 요청했다. 축적된 학생들의 기억 스케치는 스케치와 글

---

34 Rachel Sebba, "The landscapes of childhood: The reflection of childhood's environment in adult memories and in children's attitudes." *Environment and Behavior* 23.4(1991): 397.

에 포함된 공간적 개념이 스튜디오 수업의 설계 프로젝트와 관련이 있다는 것을 드러냈다.[35] 디자이너의 어린 시절 기억과 그들이 직접 작업한 설계 사이의 관계는 유명 건축가 세 명을 대상으로 건축가 자신의 자택 설계작업을 다룬 토비 이스라엘(Toby Israel)의 연구에서 다시 확인됐다. 그녀는 그 건축가들의 '환경 자서전'을 활용해 그들의 어린 시절 기억과 그들이 설계한 자택의 설계 어휘 사이에 존재하는 관련성을 명확하게 보여 주었다. 토비 이스라엘은 이렇게 설명한다.

> 우리의 자의식과 환경에 대한 의식은 내밀하게, 그리고 심오하게 얽혀 있다… 자아와 장소 사이의 이런 관련성의 씨앗은 어린 시절에 심어진다… 그 관련성은 우리가 겪은 환경의 물리적 실체뿐 아니라, 우리가 그 장소에 대해 갖는 심리적·사회문화적·심미적 의미에 의해서도 형성된다… 우리는 각자가 그 장소에 대해 독특하게 품고 있는 이런 의미를 자각할 수 있게 된다. 그런 의식(consciousness)은 완성된 자아-장소 간의 결합(self-place bond)을 표현하는 장소의 구축에 도움이 된다.[36]

어린 시절의 기억이 성인의 스케치에 표현된 특정 장소와 항상 관련이 있다면, 기억 스케치는 장소성을 유발하는 공간적 특징을 드러낼 것이라는 결론이 나온다. 데이비드 소벨(David Sobel)은 기억 스케치에 등장

---

35 Clare Cooper, "The house as symbol of the self," in J. Lang, C. Burnette, W. Moleski, and D. Vachon(eds.), *Designing for Human Behavior: Architecture and the Behavioral Science*(Stroudsburg, PA: Dowden, Hutchinson and Aross, 1974), 130-146.

36 Toby Israel, *Some Place Like Home: Using Design Psychology to Create Ideal Place*(Hoboken, NJ: Wiley, 2003), viii.

한 어린 시절의 특별한 장소들에 대한 어른들의 기억에 대한 연구에서 "어린 시절의 특별한 장소들은 일부 어른의 생애 내내 의미를 갖는다."는 것을 발견했다. "특별한 장소들은 실제로 그리고 마음의 눈으로 되돌아가는 휴식과 안정감의 장소들이 되었다… 자아형성 과정에서 이 장소들은 독특하고 강력한 역할을 수행한다."[37] 소벨이 내린 결론은 특정 장소에 대한 개인적인 기억은 한 개인의 일부분으로서 그 사람과 함께 성장한다는 것을 의미한다.

어른의 어린 시절 기억이 개인적인 스키마와 애착에 각인된다면, 어린 시절에 겪는 장소의 중요성은 아무리 강조해도 지나치지 않다. 더 중요한 것은, 어린 시절의 특별한 장소에 대한 기억에서 발견되는 보편적인 물리적 또는 사회적 특징을 적용하여 장소성을 만들어 낼 수 있다면 더 많은 아이들이 긍정적인 장소성을 경험할 수 있게 되고, 훗날 아이들이 그 장소에 대한 경험을 회상할 때 그 장소에 대한 애착, 그리고 궁극적으로는 어린 시절의 기억에 영향을 줄 수 있다는 것이다.

건축 전공 학생들이 작성한 기억 스케치를 수년간 모은 필자는 또 하나의 다른 관점들에서 파악된 데이터세트들을 발견했다. 학생들의 스케치는 일관성 있게 장소를 구성하는 다음의 근본적 요소 몇 가지를 드러냈다. 경계, 중심, 길, 문턱, 가장자리. 이 요소들은 장소성과 관련해서 흔히 언급되는 공간적 개념들로, 필자는 이 요소들을 '장소 유발기제(Place Generator)'라고 명명했다. 건축 전공 학생들은 머릿속에 담겨있는 이미지를 시각적으로 표현하는 능력을 갖고 있기 때문에, 장소 유발기제는

---

37 David Sobel, "A place in the world: Adults' memories of childhood's special places," *Children's Environment Quarterly* 7,4(1990): 5-12.

Fig. 2.1 씨 랜치: 이미지 예

기억 스케치 세션 중에 모은 스케치에 명확히 드러나는 경우가 잦았다. 그 장소의 특징이 스케치에 명확하게 드러나지 않았더라도, 그 학생이 스케치에 덧붙인 설명은 그 장소의 특별한 특징들을 드러냈고, 그 특징 들은 앞서 언급한 공간적 개념들의 범주에 잘 맞아 떨어지는 경향이 있 었다.

필자는 스케치를 모으는 것 외에도, 서울시립대학교의 대학원 세미나 에서 건축 전공 대학원생들이 보여 주는 반응도 관찰했다. 장소성을 공 유한다는 관점에서 장소 유발기제의 인식에 어느 정도 동감하는지 조사 하기 위해 고안한 이 실험적인 세미나 수업 중, 필자는 과거에 강한 장소 성을 느꼈던 특정 장소들의 일련의 슬라이드를 배치도(site plan)와 함께

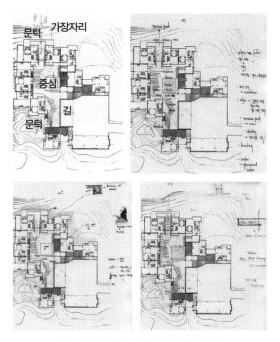

Fig. 2.2 씨 랜치: 학생들의 개별적 분석

보여 주었다. 세미나에 참여한 학생들은 유사한 방식으로 해당 장소들
(Fig. 2.1, Fig. 2.2, Fig. 2.3, Fig 2.4)을 분석했다. 분석 결과는 공간적 특징을 통한
장소성 구축의 가능성을 설명하기 위해 필자가 가설에 근거하여 명명한
장소 유발기제의 보편적 수용의 가능성을 보여 주었다. 예를 들어, 씨 랜
치(Sea Ranch)는 문턱과 길, 중심, 가장자리로 분석된 반면(Fig. 2.2), 나파 밸
리(Napa Valley)의 클로스 페가세 와이너리(Clos Pegase Winery)는 문턱, 길, 경
계, 중심으로 분석됐다(Fig. 2.4). 이것은 장소성이 반드시 개인적 또는 사
적인 경험을 통해 확립되는 것만은 아니며 물리적 특징에 대한 집단 수
준에서의 일상적 지각을 통해서도 구축이 가능하다는 것을 뜻한다. 이

Fig. 2.3 클로스 페가세 와이너리: 이미지 예

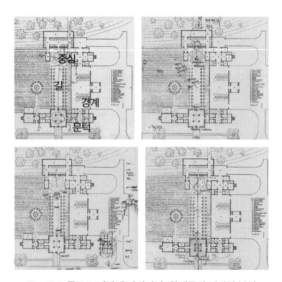

Fig. 2.4 클로스 페가세 와이너리: 학생들의 개별적 분석

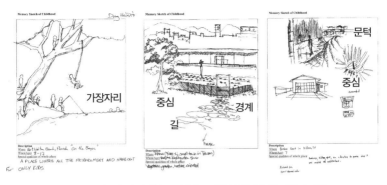

Fig. 2.5 장소 유발기제를 보여 주는 어린 시절 장소의 기억 스케치

결과는 또한 설계가 사회적 맥락에 적절하게 통합된다면 물리적 특징이 장소성 구축을 도와줄 수 있다는 사실도 보여 준다.

필자가 학교 환경에 대한 이 연구를 시작하기 위해 하와이대학교에서 건축 전공 학생들을 대상으로 기억 스케치를 시도했을 때, 취합된 스케치와 설명은 필자가 과거에 모았던 데이터들과 확실히 일관성을 보였다. 예를 들어, 바닷가에 있는 나무를 그린 학생은 그네가 걸려 있는 그 나무가 그가 자란 플로리다 동네의 어린 아이들 사이에서 비밀의 장소였다고 설명했다. 아이들은 그네를 타고 수면과 해안을 왔다 갔다 하는 모험을 즐겼다. 어른들이 그 그네가 아이들에게는 너무 위험하다는 것을 알게 된 후, 그 나무는 결국 베어져 나갔고 고향을 방문했을 때 그 나무가 벌목됐다는 걸 알게 된 학생은 깊은 슬픔을 느꼈다. 그 나무는 어린 시절에 대한 그의 소중한 기억의 일부였기 때문이다. 여기에서 우리는 명확한 '가장자리'라는 공간개념과 그 나무가 아이들 활동의 중심 역할을 수행했다는 것을 발견하게 된다(Fig. 2.5, 왼쪽). 대만(Taiwan)에 있는 집을 그린 학생은 커다란 나무와 울타리가 있고 건물들과 산들의 실루엣

이 아련하게 보이는 뒤뜰을 기억했다(Fig. 2.5, 가운데). 여기에서 우리는 '길'과 '경계'를 읽을 수 있고, '중심'을 읽을 수도 있다. 텍사스에 있는 자신이 사는 동네 근처 대나무 숲에 대한 어린 시절의 특별한 기억을 가진 학생은 대나무 숲 내부의 그만의 비밀의 장소로 가기 위해 건너 뛰어야 했던, 숲을 따라 조성된 배수로를 그렸다. 여기에서 우리는 '문턱'과 '중심'을 쉽게 발견할 수 있다(Fig. 2.5, 오른쪽).

지금까지 이 책의 집필을 위한 가설로 이러한 장소 유발기제의 존재와 양상들을 살펴보았다. 아이들을 위한 장소성 구축 과정에서 그 공간 요소들의 역할을 찾기 위해서였다. 인지 발달의 관점에서 장소 유발기제의 의미를 파악하기 위해 필자는 아이들이 그린 스케치에서 발견한 장소 유발기제를 어른들의 어린 시절 학교 내 장소들에 대한 기억 스케치들과 대조 검토하였다.

3장
아이들이 보는
장소의 특징들

3.1 아이들 공간 지각의 일반적 특징들

공간과 관련한 아동 발달에 대한 연구는 심리적 스키마에 기초한 아동 발달 이론으로 유명한 장 피아제로부터 중대한 영향을 받았다. 그의 연구에서 심리적 스키마는 개개인이 그들이 처한 환경에 대응하는 전형적인 반응으로 정의된다. 피아제는 개인이 어떻게 환경을 적극적으로 수정하는지를 설명하는 '동화(assimilation)'와 '조절(accommodation)' 개념을 통해 이 과정을 설명했다. 동화가 환경을 향한 개인의 행위를 가리키는 반면, 조절은 역방향으로 이루어지는 행위다.[1] 동화와 조절의 과정을 통

---

[1] Christian Norberg-Schulz, *Existence, Space and Architecture*(New York, NY: Praeger Publishers, 1971), 10.

해 달성되는 '평형(equilibrium)'을 피아제는 '적응(adaptation)'이라고 명명했다. 그의 이론에 따르면, 동화와 조절 사이의 불균형이 연속적으로 통합과 적절한 평형을 만들어 내기에, 일련의 적응은 결국 평형으로 이어진다.[2]

더 중요한 것은, 발달단계에 대한 피아제의 이론이 연령에 기반하여 달성되는 뚜렷한 평형 형식을 설명한다는 것이다. 그는 지적(知的) 발달 단계를 다음과 같이 구분했다. 감각운동기(sensorimotor stage, 2세 미만), 전조작기(pre-operational stage, 대략 2세부터 7세까지), 구체적 조작기(concrete operational stage, 7세부터 11세까지), 형식적 조작기(formal operational stage)가 그것이다.[3] 필자가 이 책에서 연구한 초등학교 아이들은 구체적 조작기에 속한다. 그들의 공간적 지식은, 궁극적으로 유클리드적 수치관계(Euclidean metric relations)를 다루는 능력이 대체하는 투사적 관계의 능력(abilities of projective relations)을 포함하는 것으로 가정된다.

개인별로 극단적 편차를 지닌 공간적 인지 발달단계와 관련된 논쟁과는 별개로, 이 이론은 다양한 학문 분야에서 발전하였다. 한 가지 예가 지리학으로, '공간 내 행동'이 '공간지각'과 '공간인식'으로 이행한다는 하트와 무어(Hart and Moore)의 주장은 질적 변화를 다루는 피아제의 연구로부터 파생된 것이다.[4]

하지만 피아제의 발달단계이론은 많은 연구자들에 의해 다양한 이유로 반박되었다. 예를 들어, 비고츠키의 이론은 사회적 발달과 인지적 발

---

2 David Canter, *Psychology for Architects*(New York, NY: John Wiley & Sons, 1974), 67.

3 Stuart C. Aitken, *Putting Children in Their Place*(Washington, DC: Association of American Geographers, 1994), 39-40.

4 Aitken 1994, 40.

달이 함께 작동하면서 서로의 바탕 위에 구축된다고 주장한다. 따라서 발달은 상호작용 과정에 바탕을 두고 중첩되는 맥락에 의해 확장 가능하다. 바로 이 점이 인지 발달은 내면적인 것이고 신체적 발달과 연계된다는 피아제의 입장으로부터 비고츠키의 주장이 차별화되는 부분이다. 주된 논쟁의 대상은 개별 발달단계와 관련된 쟁점과 그것들이 '뚜렷이 구분되는 변화'인지 아니면 '매끄럽게 이어지는 발전과정'인지 여부이다. 인지과정이 근본적으로 구분되는 변화들로 나뉘어진다고 알려져 있는 반면, 시각적 환영에 대한 반응은 상대적으로 더 점진적인 일련의 변화로 보고된다.[5] 피아제 역시 지능이, 유전되기보다는, 아동과 환경 사이의 활발한 참여 및 상호작용을 통해 형성된다고 주장했다. 이 입장은 자극-반응이론에 기초해 아동이 수동적으로 행동한다고 가정하는 행동주의 심리학자들의 입장과 대척점에 있다.[6]

피아제의 연구에 대한 비판과 무관하게, 피아제가 장소 개념의 틀을 잡는 데 공헌하였다는 사실은 크리스티안 노르베르그 슐츠의 연구에 잘 나타나 있다. 그는 개인에게 있어 실존공간은 주어진 환경과의 상호작용에서 생겨나는 것으로 묘사한다. "우리는 어린 시절부터 우리가 선험적으로 주어진 공간 내에 위치하고 있다는 걸 알게 된다. 우리는 그 공간을 이해해야 하고 그 공간에 적응해야 한다." 노르베르그 슐츠는 아동의 지능 발달에 대한 피아제의 설명을 인용하면서, 아동의 지능 발달은 물리적 환경을 통해 단번에 이루어지는 것이 아니라, 경험의 함수로 한 단계, 한 단계 축적되면서 이루어진다고 말하였다.[7]

---

5 Canter 1974, 66.
6 Aitken 1994, 38-39.

하나의 공간에 대한 경험은 그 개인에게 고유한 개인적 배경에 바탕을 둔 개별적 과정이다. 따라서 환경에 대한 인지 정도와 적응 수준은 많은 요인에 따라 달라진다. 모든 과정은 필연적으로 선택적이므로, 공간적 스키마는 사회적·문화적 배경과 개인적 특이성에 기반하여 개별적으로 구축된다. 그러므로 새로운 공간을 맞닥뜨린 아이 입장에서 새로운 경험을 통해 그 아이 나름의 스키마를 수정하는 것은 자연스러운 일이며, 이것은 또 하나의 동화와 조절 과정일 뿐 아니라 새로운 적응과 평형의 과정을 의미한다. 피아제에 따르면, 개인의 지각시스템은 특정 맥락에 의해 특징지어지는 바 환경에 대한 지각과정을 통해 점진적으로 발달한다. 그는 이러한 점진적 발달이 어린 시절 접하는 환경에 대한 개념 측면에서 보존되고 영구화한다고 주장했다.[8]

실험실 내에 국한된 피아제의 이론과 실험은 지나치게 추상적이고 현실세계와 단절됐다는 비판을 받았고, 그의 연구에 대한 유효성 논란을 낳았다. 이 논란이 개인과 환경의 관계에 대한 연구에 새로운 지평을 연 '생태심리학'이라는 새로운 학문분야의 탄생을 돕게 된다. 깁슨(Gibson)은 '행동 유도성(affordance)' 이론을 내놓으면서 이 영역에서 획기적인 연구를 수행했다.[9] 지각과 인지의 동시 발생 프로세스라는 이 급진적인 이론은 지각과 인지과정을 별개의 것으로 구분하는 전통적 이론에 반하

---

7 Christian Norberg-Schulz, *Architecture: Meaning and Place*(New York, NY: Electa/Rizzoli, 1986), 31.

8 Vedran Mimica, *Notes on Children, Environment and Architecture*(Delft: Publikatieburo Bouwkunde, 1992), 29-30.

9 깁슨은 우리의 지각적 경험은 환경에 속한 물체들과 사건들의 구조에 대한 의식뿐 아니라 그것들의 기능적 의미도 포함한다는 사실을 설명하기 위해 이 개념을 발전시켰다.
Harry Heft, "Affordances of children's environments: A functional approach to environmental description." *Children's Environments Quarterly* 5.3(1988): 29-37.

는 혁명적인 이론이었다. 심리학의 지배적인 접근방식에 익숙해 있던 학자들은 이 논란 많은 관점에 동조하여 인정하는 것을 주저했다. 그렇지만 그들은 훗날 실험실 환경이라는 진공상태 바깥에 존재하는 현실 세계 데이터에 관심을 보인 생태심리학이라는 분야를 형성하게 된다.[10]

별개의 두 세계에 대한 전통적인 이분법(즉, 물질 대 정신, 또는 물리학 대 현상학)을 거부한 깁슨은 "무한한 기회를 가진 수많은 관찰자를 수용한 딱 하나의 환경"이라는 새로운 관점을 열었다.[11] 그의 이론에 따르면, 무엇인가에 대한 행동 유도성은 관찰자의 필요가 변한다고 해서 변하지 않는다. 그것은 "늘 그곳에서 인식되기를 기다리고 있으면서" 내재하는 의미와 가치를 가진 채로 "그것이 존재하는 이유에 따라 일을 하기" 때문이다.[12] 그의 입장에서 "관찰자가 보는 사물의 행동 유도성은 관찰자가 지각하는 자극들 안에서 특정된다."[13] 깁슨에 따르면, 아이는 자신의 몸과 직접 관련된 사물의 행동 유도성을 지각하는 법을 배워야 한다. 설령 그 아이가 동일한 형태를 다른 관점에서 바라보고 다른 가치를 발견하게 될 가능성이 있을지라도 말이다.[14]

그럼에도 불구하고, 아동의 정서발달에 담긴 내용을 무시한다며 하트가 피아제를 비판적으로 언급하였듯이, 피아제의 인지 발달단계와 깁슨

---

10 생태심리학은 행태와 경험이 일상적인 환경과 어떻게 관련을 맺느냐에 관심을 기울인다. 이 학문 분야는 실험실 타입 실험은 사회적·심리적 환경의 영향을 받는 일상적 행동을 위한 정보를 제공하는 데 한계가 있다는 믿음에서 시작됐다.
Allan W. Wicker, *An Introduction to Ecological Psychology*(Monterey, CA: Brooks/ Cole Publishing Company, 1979), 1-3.

11 James J. Gibson, *The Ecological Approach to Visual Perception*(Boston, MA: Houghton Mifflin, 1979), 138.

12 Gibson 1979, 138-139.

13 Gibson 1979, 139-140.

14 Gibson 1979, 141.

의 행동 유도성 이론은, 주위 환경에 대한 아이들의 정서적 차원을 고려하지 않는다면 의미가 없다. 하트는 아이들의 정서적 경험을 고려하지 않는다면 숱하게 많은 실험은 아무 의미가 없다고 주장했고,[15] 그러면서 아이들의 공간 관련 발달은 어떤 장소에 대한 애착 없이는 불가능한 일이라는 아이디어를 지지했다. 학습과 감정 간의 관계를 보여 주는 신경과학 분야에서 최근 밝혀진 증거[16]는 많은 학자들이 강조해온 애착과 인지 발달이라는 중요한 이슈를 입증하면서, 학습과정조차도 아이의 감정상태의 영향을 받는다는 것을 보여 준다. 이것이 바로 아이들이 겪는 장소의 본질이 아이들의 발달에 있어 중요한 주된 이유이고, 아동 발달의 이행이 그들이 처한 환경의 질에 좌우되는 이유이다.

3.2 아이들이 느끼는 장소성의 특징들

왜 어떤 장소의 특징들은 기억에 남고 어떤 특징들은 잊히는 걸까? 이것은 환경심리학의 공간 인지분야 연구에서 오랫동안 지속적으로 제기되어 온 질문이었다. 환경심리학자들의 관심은 물리적 세팅 내부에 대해 아는 정보와 수치상 거리, 위치에 집중되어 왔다. 하지만 현상학적 관점에서 이 질문에 접근하면 해답을 얻을 확률이 커진다. 장소의 질은 양적인 정보의 정확성보다 더 큰 의미를 지닌 사회적 환경에 대한 것이

15 Aitken 1994, 41-42.

16 Mary H. Immordino-Yang et al. "We feel therefore we learn: The relevance of affective and social neuroscience to education." *Learning Landscapes* 5.1 (2011): 115-131.

다. 우리는 애착이 생겼을 때에만 특정 공간이 하나의 장소로 각인된다는 것을 알고 있고, 그것이 아이의 기억에 더 오래, 그리고 더 긍정적인 기억으로 머무른다고 가정할 수 있다. 따라서 주위 환경에 대한 아이들의 애착 패턴 양상들을 파악하는 것이 중요하다.

발달과정을 거치는 동안 아이들이 보이는 애착 패턴은 엄마로부터 시작된다. 아이들은 엄마를 없어서는 안 될 피신처이자 신체적·심리적 편안함을 주는 신뢰할 수 있는 원천으로 인식한다. 아이가 주변을 탐색하는 동안 필요할 때마다 엄마는 거의 항상 주변에 머무르므로, 엄마는 친숙한 환경이자 안식처로 간주된다.[17] 아이가 성장하면서, 사회적 애착은 가족 구성원 너머로 확장된다. 장소에 대한 애착은 사회적 애착 패턴에서 주위 환경으로 관심을 돌리는 이행 시작 시기인 중기 아동기(mid-childhood)에 생겨난다. Fig. 3.1은 아이들의 관심이 사람에게서 물리적 환경으로 옮겨가는 것을 보여 준다. 즉 초기 발달단계에 아이들의 장소에 대한 관심은 기능적 측면에만 집중된다. 환경의 기능적 중요성을 강조하는 깁슨의 '행동 유도성(affordance)' 개념은 아이들의 초기 발달단계에 포함된다. 장소의 심미적 가치에 대한 공감은 세상에 대한 아이들의 지각이 확장되고 안정된 이후에 찾아온다.

투안은 장소 애착이 기능적 측면에서 심미적 측면으로 이행하는 것을 지각의 발달과 관련 있는 것으로 언급한다. 그는 아이들이 어렸을 때는 직접 접하는 세팅에 주의를 집중한다고 설명한다. 가까운 환경이 바로 영향을 끼치지 않는 한, 아이들의 자기중심적 성향이 그 환경으로부터

---

17 Yi-Fu Tuan, *Space and Place: The Perspective of Experience* (Minneapolis, MN: University of Minnesota, 1977), 29.

Fig. 3.1 아이가 가지는 애착의 변화

의 자극에 대한 그들의 반응을 제한하기 때문이다. 그는 이렇게 썼다.

> 어린 아이의 세계는 그가 직접 접하는 주위 환경에 국한된다… 멀리 있는 물체들과 파노라마 같은 풍경에는 특별히 끌리지 않는다… 풍경을 감상하려면, 무엇보다도 먼저, 자아와 그 외의 존재(other) 사이를 명확하게 구분하는 능력이 필요한데, 이 능력은 6~7살에는 미약하게만 발달돼 있다. 따라서 풍경을 감상하고 심미적으로 평가하려면… 아이는 그 풍경이 지닌 공간적 특징들의 일관성을 알아야 할 필요가 있다.[18]

투안의 주장은 하트와 무어의 주장과 동일선상에 있다. 하트와 무어는 주위 환경에 대한 아이의 이해는 그 아이가 커가면서 덜 자기중심적이 되고 타자 중심의 추상적 지각을 하게 되면서 구체적 지각이 약화된다고 주장한다.[19] 이 주장은 아동의 발달에 따라 변하는 선호장소를 연구한 말리노프스키(Malinowski)와 서버(Thurber)의 주장에서도 다시 보인

18 Yi-Fu Tuan, *Topophilia*(New York, NY: Columbia University Press, 1990), 55-56.

19 J.C. Malinowski and C.A. Thurber, "Developmental shifts in the place preferences of boys aged 8-16 years." *Journal of Environmental Psychology* 16(1996): 45-54.

다. 8세부터 16세 사이의 남자아이들을 대상으로 연구한 두 사람은 어린 남자아이들은 실제 사용되는 장소를 선호하는 반면, 더 큰 남자아이들은 심미적이거나 인지적 가치를 지닌 장소를 선호한다는 것을 발견했다.[20] 이 결과는 아이들의 장소 경험을 연구하여 아이들의 장소경험을 범주화한 로저 하트(Roger Hart)의 연구와 맞아 떨어진다. 토지 이용 또는 사회적, 심미적, 상업적 범주가 그것이다. 그는 나이가 어린 아이들이 사회적 장소를 더 많이 좋아하는 것과는 대조적으로, 너 큰 아이들은 실제 사용 장소와 심미적 가치를 더 많이 선택한다는 것을 발견했다. 그는 심미적 가치를 지닌 장소들은 극히 적게 선택된다고 언급했다.

말리노프스키와 서버의 연구대상이던 남자 청소년의 연령분포를 고려하면, 장소의 심미적 가치에 대한 공감이 아이들 사이에 뒤늦게 나타난다는 것을 쉽게 확인할 수 있다. 이 사실은 발달단계 변화의 관점에서 심상 영역의 중요성을 확인해 준다. 심미적 가치에 대해 공감하는 데 필요한 성숙도에 집중해 보면 어린 시절 심미적 장소의 효과가 가져온 아동 발달의 결과를 간접적으로나마 발견할 수 있다.

여기서 필자는 개인적인 발달단계와 관련지어 심상 영역을 조기에 인식하는 문제에 대해 논하고 싶다. 필자가 세운 가설은, 심상 영역을 비롯한 장소의 총체적인 질을 통합하는 능력이 초기 발달단계에 성숙해졌을 때에만 아이들이 심미적 가치가 있는 장소에 애착을 느낄 수 있다는 것, 그리고 그 결과로 아이들의 전반적인 삶의 질이 좋아지게 된다는 것이다.

그런 의미에서, 로빈 무어(Robin Moore)가 발전시킨 기능 영역과 심상

---

20 Malinowski and Thurber 1996, 45-54.

영역의 이분법은 아이들의 장소 애착의 본질을 이해하는 데 유용할 뿐 아니라, 장소의 지각과 관련하여 아이들이 겪는 발달과정의 변화를 이해하는 데에도 도움이 된다. 제한된 통제만이 가능한 장소로 실제 사용되는 '기능 영역'과, 가치 또는 감각을 통한 지각과 관련된 '심상 영역'으로 나눈 그의 구분[21]은 발달과정의 변화라는 측면에서 초등학생과 아동기 장소의 본질을 분석하는 데 유용한 틀이 될 수 있다.

아동기의 장소는 물리적 공간과 사회적 의미가 중첩되는 특정지점으로서, 다양한 사회적·문화적 영향을 끼친다. 공간의 특징과 설계의 특징이 그 장소의 객관적이고 물리적인 지상학(physiography)적 환경을 나타내는 반면, 의미는 주관적일 뿐 아니라 아이들마다 다르다. 무어와 영(Moore and Young)의 '환경생태학적 틀(environmental ecological framework)'(Fig. 3.2)은 모든 아이들이 상호의존적인 세 영역의 경험 속에서 동시에 살아간다는 것을 강조하는 개념으로, 그들은 일상의 환경 경험에서 아이들이 어떻게 장소성을 구축하는지 성공적으로 설명한다.

> 한 아이는 세 개의 상호의존적인 경험의 영역에서 동시에 살아간다. 신체/정신의 심리적-생리적 환경, 개인간 관계와 문화적 가치로부터의 사회적 환경, 공간과 물체, 사람, 자연과 인공물들로 이루어진 지상학적 경관.[22]

---

21 Chawla, Louise, "Childhood place attachments," in Irwin Altman and Setha M. Low (eds.), *Place Attachment*(New York, NY: Plenum Press, 1992), 82.

22 Robin Moore and Donald Young, "Childhood outdoors: Toward a social ecology of the landscape," in Irwin Altman and Joachim F. Wohlwill (eds.), *Children and the Environment*(New York, NY: Plenum Press, 1978), 83-84.

지상학적 공간:
물체, 건물, 사람과 자연
요소로 구성된 경관

용도
기억
이미지
스키마
장소애

사회적 공간:　　　　　　　　　　　　　　　　내면의 공간(신체/정신):
인간관계와 문화적 가치　　　　　　　　　　　개인의 생리적·심리적 삶

Fig. 3.2 환경 경험의 영역들
출처: 무어와 영(1978).

그들은 이 영역들이 서로 영향을 주고 받으며 '이미지', '장소애', '인지 지도', '정신 지도', 그리고 장소성을 구축하는 '스키마' 같은 요인들을 조정한다고 주장한다.[23]

기능적 특징들에 의한 행동 세팅으로서의 아동기 장소라는 개념은 환경심리학자들 사이에서 사실상 합의가 이루어진 문제였다. 그들은 하나의 장소가 사용되면서 "어디에서 어떻게 특정 행동을 유도하는지" 평가된다고 믿는다. 아이들의 행동 세팅으로서의 장소 경험은 용도와 가치, 선호 같은 상이한 층위들을 갖는다. 민병호와 이종민(Min and Lee)이 수행한 연구는 용도와 가치, 선호라는 영역들 사이의 관계를 이해하는 데 기여하였다. 그들은 같은 동네에 거주하는 아이들의 심리상 행동상 영역을 조사하면서 아이들이 행태적으로 유용하고 기능적으로 뒷받침을 해주는 세팅들에 가치를 부여할 가능성이 크다는 걸 발견했다. 이 연구는

---

23 Moore and Young 1978, 83-84.

"개념적 가치(conceptual value)는 사용 가치(use value) 없이는 거의 존재할 수 없다."는 아모스 라포포트(Amos Rapoport)의 주장을 확인해 준다.[24]

하지만 과학적 분석에 기초한 환경심리학의 실증주의적 접근방식은 아이들의 장소 경험의 양상들을 부분적으로만 설명할 수 있을 뿐이다. 아이들의 장소는 행태적·사회적·정서적 영역들이 중첩된 층위들로 구성되며, 실제 경험에 바탕을 둔 더 풍부하고 정확한 서술이 필요하다. 이런 점에서, 체험을 다루는 현상학적 접근방식은 아이들의 장소 경험에 관한 연구방법상 큰 잠재력을 갖고 있다. 여러 연구자가 행동 세팅에 대한 관찰보다는 관련 묘사를 강조하는 집중적인 질적 연구의 결과로서 '은신처'와 '비밀의 장소' 같은 핵심 용어들로 아이들의 장소의 특징을 보고한 바 있다.

코펠라(Korpela)와 키테(Kytta), 하티그(Hartig)는 아이들이 겪는 장소의 또 다른 측면들을 밝혔는데, 핀란드의 8세~9세 아동과 12세~13세 아동을 대상으로 한 연구에서 연령과 성별에 무관하게, 아이들의 절반 이상이 인지 회복(cognitive restoration)을 위해 좋아하는 장소를 활용했다고 보고하였다. 좋아하는 장소를 부모 모르게 혼자 또는 친구들과 함께 방문하는 것이 감정 회복과 감정 통제에 도움을 준 것이다.[25] 현상학적 관점은 아이들이 장소에 갖는 애착에 시각적·청각적·후각적·촉각적 요인 같은 다른 중요한 심리적·감각적 차원이 작용한다는 것을 보여 주었다.

어린 시절의 장소와 관련한 또 다른 특징은 실외 공간의 중요성이다.

---

24 Byungho Min and Jongmin Lee, "Children's neighborhood place as a psychological and behavioral domain." *Journal of Environmental Psychology* 26(2006): 51-71.

25 Kalevi Korpela, Marketta Kytta, and Terry Hartig, "Restorative experience, self-regulation, and children's place preference." *Journal of Environmental Psychology* 22(2002): 387-398.

에디스 콥은 어린 시절의 장소를 다룬 기념비적인 저작 『유년기 상상의 생태학(The Ecology of Imagination in Childhood)』에서 자연과 아이들 사이의 특별한 관계를 이해하는 데 도움이 될 풍부한 원천를 제공한다. 그녀는 아동 발달의 독특한 특징은 늘 변화하는 자연과의 직접적인 상호작용을 통해 가능하다고 설명한다. 초기-중기 아동기의 도시-교외-시골의 실외 환경에 집중한, 아동기 장소에 대한 무어와 영의 연구는 자연이 어린 시절의 세상에 강력한 존재감을 갖는다는 것을 증명했다. 그들은 자연과 문화적 힘으로부터의 뜻밖의 조합보다는 많은 행동 세팅이 만나는 지점에서 만들어지는 다목적성이 신중한 설계를 통해 의미 있는 장소를 만들어 준다고 주장했다.[26]

성인의 한 장소에 대한 기억은 어린 시절의 장소를 이해하기 위한 또 다른 중요한 요소이다. 특정한 순간을 추상적으로 파악하는 것은 어려운 일이므로, 어른들은 그들이 머물렀던 장소의 기억들을 통해 어린 시절과 연결된다.[27] 데이비드 소벨(David Sobel)은 어린 시절의 특별한 장소에 대한 어른의 기억에 대한 연구에서, 어린 시절에 겪은 장소는, 자아 형성 과정에서 중요한 역할을 하며, 전 생애에 걸쳐 영향을 끼친다는 사실을 발견했다.[28] 자신들의 행동반경에서 풍부한 상상력을 발휘하는 아이들은 훗날 어른이 되어 기억에 사로잡히게 되는 장소들을 객관적인 시선으로 보는지도 모른다.[29] 어린 시절의 기억이 어른의 스키마에 각인되는 것이기에, 특정한 공간적 특징에 의해 장소성이 생긴다고 하면

26 Moore and Young 1978, 83-130.

27 Cooper Marcus 1992, 89.

28 David Sobel, "A place in the world: Adults' memories of childhood's special places." *Children's Environment Quarterly* 7.4(1990): 5-12.

그런 특징들을 더 많이 가진 특정지점은 더 강렬하고 영구적인 장소성을 구축하는 것을 뜻한다.

데이비드 캔터(David Canter)가 다음과 같이 기술하듯, 발달단계의 변화가 이루어지는 장이자 어른의 기억에 의미 있는 장소로 각인된 어린 시절의 장소는 다양한 분야를 아우르는 총체적 접근을 취할 책임이 있는 건축가들에게 더 많은 관심을 받아야 마땅하다.

> 그러므로 건축가들은 그들이 설계한 건물에 들어오는 사람들이 특정한 내재적 성향을 갖고 특정한 방식으로 반응할 거라고 가정해서는 안 되고, 건물이 사람들을 멋대로 쥐락펴락할 거라고 가정해서도 안 된다. 건축가는 어느 정도는 사람들이 그 건물과 상호작용하는 방식을 결정할 것이라는 것을, 그렇지만 그들이 바랐건 바라지 않았건, 그것은 항상 상호작용이지 결코 일방적인 반응은 아니라는 것을 깨달아야 한다.[30]

투안 역시 자연 환경과 인공 환경에서 아이들의 학습과정이 발달과정상 자동적으로 이루어지는 것은 아니라고 기술하였다. 장소의 크기와 상관없이, 자연적 장소인지 인공적 장소인지 여부와 상관없이, 장소를 느낀다는 것은 아는것으로부터 영향을 받게 되는 것이며 이러한 이유로 어른의 개입이 필수적이다.[31] 아이와 그들의 환경 사이의 상호작용이 쌍방간 활발하게 영향을 주고받는 과정이라는 것을 이해한다면, 아

---

29 Tuan 1977, 33.

30 Canter 1975, 69.

31 Tuan 1977, 32.

이들의 장소를 세심하게 설계하는 작업은 반드시 해야만 할 일이다. 이 것이 바로 아이들의 일상의 장소가 이러한 장소에서의 어린 시절 경험의 질을 간접적으로 좌지우지하는 건축가들로부터 특별한 관심을 받아야만 하는 이유이다.

4장

포지셔닝과 틀 잡기

4.1. 틀 잡기를 위한 포지셔닝

앞 장에서, 우리는 한 사람의 기억에 각인된 어린 시절 장소의 본질과 그 장소의 특징이 어떻게 장소성 형성에 영향을 주는지 살펴보았다. 장소의 핵심은 물리적 환경에서 겪는 일상 경험 및 감정을 그 공간에 머무르며 자신의 존재를 의식하고 애착을 느끼는 사람의 실존공간과 연결하는 것이다. 우리는 일상생활을 영위하면서 환경과 꾸준히 상호작용하고 우리가 구축하는 스키마는 우리가 수행하는 기능들에 느슨하게 적응한다. 우리는 또한, 삶을 더 의미 있게 만들며 풍부한 경험을 가능하게 하기 위해 그 환경을 수정한다.[1] 우리가 처한 환경을 수정하고 설계하는 것은 궁극적으로 그 공간에 대한 거주 경험을 확고히 다지는 작업이다. 그리고 해당 공간의 사용자가 그 구체화된 장소를 진공상태의 형태와 모양을 넘어 의미 있는 세팅으로 인식하는 것은 필수적인 일이다.

개인의 삶에 있어 기억의 장소는 지각과 인지의 과정을 통해 형성된다. 지각(perception)은 우리가 가진 모든 감각을 통해 정보를 수집하기 위한 시작 과정이고, 인지(cognition)는 그렇게 수집한 정보를 저장한 후 기억해 내는 다음 단계다. 지각이 선택적으로, 그리고 개인적으로 보고 듣고 냄새 맡고 만지는 창조적인 과정이므로, 인지와 기억 또한 동일한 환경에 대해 개인이 차별적으로 경험하고 재현하는, 상상의 과정이다. 이 과정은 개인적으로 조작할 수 있으며, 개인적인 배경과 맥락에 따라 상상력이 관여하는 과정이다. 그러므로 특정 장소에 대한 개인적 경험이 반드시 동일하지는 않다. 그리고 경험되는 모든 곳이 장소로 저장되지는 않으며, 그곳이 의미 있는 공간이 아니라면 그 장소에서 보낸 시간의 길이는 중요한 요인이 아니다. 그렇다면 하나의 장소에서의 이런 주관적 경험은 왜 그리도 중요한 걸까? 개인적 경험에 공통적으로 영향을 미치는 요인들이 존재하고, 그 요인들이 자연으로부터 만들어진 것이든 혹은 전문가들에 의해 신중하게 제공된 것이든 간에 물리적 세팅의 결과라면, 그 경험은 우리가 탐구하고 공유할 만한 매우 소중한 지식이다.

이 책은 아이들이 대부분의 시간을 보내는 환경이 어떻게 만들어지고, 의미를 지닐 수 있는 인생의 장소로 어떻게 각인되는지를 탐구한다.

아이들이 학교 환경을 어떻게 지각하는지, 어떤 공간에 어떻게 애착을 느끼고 그곳을 하나의 장소로 경험하는지, 그리고 어른들은 그들의 삶에 궁극적으로 중요한 장소로 각인된 어린 시절의 학교를 어떻게 기

---

1 Mark L. Johnson, "The embodied meaning of architecture," in Sarah Robinson and Juhani Pallasmaa(eds.), *Mind in Architecture: Neuroscience, Embodiment, and the Future of Design*(Cambridge, MA: The MIT Press, 2015), 33.

억하는지를 알아내는 연구를 통해, 우리는 구체적인 장소로서의 학교를 만드는 설계 방향을 정할 열쇠를 얻게 될 것이다.

이 연구의 기본적인 접근방법은 질적 접근방법이다. 질적 연구의 존재론적·인식론적·방법론적 가정들은 양적 접근방식의 그것과는 철저하게 다르다. 질적 연구의 일반적인 특징은 자연스러운 세팅을 강조하면서 다음과 같은 전략에 집중한다. 해석과 의미, 응답자가 그들이 처한 상황을 이해하는 방법, 여러 가지 전술의 활용. 그 외에도, 질적 접근방식에는 연구하는 맥락에 대한 총체적인 개관, 필드나 연구대상의 상황에 대한 긴 시간에 걸친 접촉, 지속적으로 수정 가능한 이론적 개념, 연구자를 측정도구로 활용하는 연구 설계, 형식에 얽매이지 않는 개인적인 글쓰기를 통해 얻어지는 분석이 필요하다.[2]

인간과 환경에 대한 연구에서 가장 큰 분야인 환경심리학은 숫자 데이터에 기초한 객관적 인과관계의 연구를 옹호한다. 환경심리학의 전통적 연구방법은 실증주의적 접근에 초점을 맞춰 왔는데, 이는 실증적으로 측정 가능한 이미지와 태도, 선호도, 영역을 획득하기 위해 주관적, 경험적 과정을 변환하는 노력의 일환으로, 객관성과 설명, 계량화, 예측, 통제, 반복 가능성, 공개적 검증가능성 같은 개념에 갇혀 있었다.[3] 그 결과, 과거에 엄청난 양의 연구가 행해졌음에도, 타당성과 재연 같은 제약 요소들이 거듭해서 강조되어 왔다. 그럼에도 불구하고, 다른 연구방법론을 존중하는 포용적 태도로 다양한 학문 분야를 중첩시키면서 양적

---

2 Linda Groat and David Wang, *Architectural Research Methods*(New York, NY: John Wiley & Sons, 2002), 173-180.

3 David Seamon, "The phenomenological contribution to environmental psychology." *Journal of Environmental Psychology* 2(1982): 119-140.

연구를 지향하는 애초의 태도를 꾸준히 수정하며 그 가치를 유지하였기에 질적 연구에서도 그 방법론들 중 일부를 채택하기에 이르렀다.

현상학적 접근방법은 개인들 특유의 주관적 경험을 강조하는 바, 실증적 실재에 철저히 기반한 입장을 취하는 실증주의자들은 그런 주관적 경험을 모호하고 입증할 수 없는 것으로 간주해 왔다. 자연적 태도로부터의 지향성(intentionality)을 폄훼한 데카르트(Descartes)에서 비롯된 모든 것을 증명하려는 욕구는 지식시스템을 장악하면서 주관적 경험이 가진 가능성의 여지를 없애버렸다. 인간과 환경 사이 관계의 다양한 차원을 그려내기 위해 정확한 질적 서술을 확보하는 현상학적 접근방식은 환경 행동 및 경험과의 진정한 접촉을 갈구한다.[4] 이 접근방식은 설명보다는 전반적인 패턴이 드러나게 만든다. 어떤 사람의 고유한 환경 경험과 묘사는 다른 사람의 것들과 유사할 수도 있기 때문이다. 그러므로 현상학적 관점은, 특히 인간이 겪는 구체적인 사건과 경험 영역을 서술적으로 검토하는 작업에서 메를로 퐁티와 하이데거가 발전시킨 실존적 현상학(existential phenomenology)의 적용에 있어, 환경심리학자들에게 중요하다.[5]

실증주의에 대해 회의적 태도를 견지하며 지각이 기대와 가설, 예측, 가정, 준거틀의 영향을 받는다는 것을 인식한 후설(Husserl)의 강력한 이론에 힘입어 현상학은 철학의 새로운 무대를 열었다. 현상학은 '자연적 태도'로 알려진 감각 투입 차원을 넘어, 실재를 공통성이라는 조건하에 객관적으로 볼 수 있다.[6] 따라서 본 연구의 질적 접근방법이 현상학적

---

4 Ibid.

5 Ibid.

입장을 취하는 것은 자연스러운 일이다. 현상학은 비판적인 동시에 서술적이기 때문이다. 연구의 가설들이 현실과의 정확한 접목에 실패하는 경우가 잦다는 믿음으로부터, 현상학적 입장은 정확하고 명료한 서술을 통해 의미와 사건, 경험의 토대에 집중하고 있다.[7]

메를로 퐁티는 기념비적인 저작 『지각의 현상학(Phenomenology of Perception)』에서 이렇게 공언한다.

> 나는 내 신체적, 심리적 기질을 결정하는 숱하게 많은 인과관계가 낳은 결과물이나 접점이 아니다… 세상에 대한 내 모든 지식은, 심지어 내 과학적 지식까지도 내 나름의 특정한 관점에서 얻은 것이다… 내 자신이 절대적인 출처이고, 내 존재는 나의 과거사나 내가 처한 물리적·사회적 환경에서 비롯되지 않는다; 대신, 내 존재는 그것들로부터 움직여 나와 그것들을 유지시켜 나간다. 나 홀로 스스로 존재하기 때문이다.[8]

현상학에서 "현실은 구축되거나 형성되는 게 아니라 서술돼야" 하므로,[9] 현상학은 주관성(subjectivity)과 상호주관성(intersubjectivity)을 동시에 아우르는 모든 관점을 이해하려 한다.

---

6 David L. Rennie, "Qualitative research: A matter of hermeneutics and the sociology of knowledge," in Mary Kopala and Lisa A. Suzuki(eds.), *Using Qualitative Methods in Psychology*(Thousand Oaks, CA: SAGE, 1999), 3-13.

7 Seamon, 1982.

8 M. Merleau-Ponty, translated from the French by Colin Smith, *Phenomenology of Perception*(London: Routledge & Kegan Paul Ltd., 1962), viii-ix.

9 Merleau-Ponty 1962, x.

개인적인 경험이 집단적 의미를 구축하는 현상학적 접근방식에서, 연구의 주된 소재는 환경이 어떻게 상호작용하고 상호침투하며 섞여드는지를 밝히는 참가자들의 '체험(lived experience)'이다. 현상학적 환경심리학은 몸-주체가 시간과 공간에 걸쳐 어떻게 확장된 방식으로 작동하는지, 그리고 개인과 공간의 상호작용이 어떻게 그 공간을 장소로 변모시키는지 밝혀준다.[10] 학교 내에서 아이들의 의미 있는 '체험'과 어른들의 그 '체험'에 대한 회상을 모으는 작업은 "아동 발달에 매우 중요하다고 알려져 있는 장소성 구축을 위해 제공할 수 있는 공간 요소가 있는가?"라는 질문에 대답하는 열쇠가 될 수 있다.

생물학 분야에서의 최근의 성과는 신체적·정서적·정신적 웰빙이 우리의 정신과 환경 사이에서 어떻게 구조화되는지를 지속적으로 밝히고 있다.[11] 그렇다면 과학적으로 처리한 데이터를 취합하고 대량의 샘플을 계량화하는 발전된 시대에 참가자들로부터의 주관적 반응을 조사하는 것이 왜 그리도 중요한 일일까?

맥스 밴 매넌(Max Van Manen)은 저서 『체험연구(Researching Lived Experience)』에서 현상학적 접근방식과 '과학'이라는 타이틀을 주장하는 다른 학문 분야들을 다음과 같이 구별한다.

현상학적 인문과학은 체험적(lived) 의미 또는 실존적인 의미들을 연구한다; 이러한 의미들을 상당히 깊고 풍부하게 서술하고 해석하는 것을 시도한다. 이렇듯 의미에 초점을 맞춘다는 점에서 현상학은 의

---

10 Seamon 1982, 128.

11 Robinson, Sarah and Pallasmaa, Juhani(eds.), *Mind in Architecture: Neuroscience, Embodiment, and the Future of Design*(Cambridge, MA: The MIT Press, 2015), 156.

미가 아닌 변수들 사이의 통계적 연관성이나 지배적인 사회 여론, 또는 특정 행동의 발생빈도 등에 초점을 맞추는 여타 사회과학이나 인문과학과 다르다.[12]

현상학적 접근방법은 모든 진리를 자연과학적 방법을 통해 이해하는 실증주의와 대척점에 있지만, 우리가 만나고 경험하는 물리적 환경에 관련된 실증적 연구를 수용하기도 한다. 뇌(腦)과학이 첨단 장비의 도움을 받아 경험의 비밀을 밝혀내고 있지만, 이러한 경험의 본질을 통해 진정한 인간과 환경의 비밀을 이해해 볼 필요가 있다. 이것이 바로 인간의 내면적 지각과 성찰 능력, 그리고 해석 능력을 통해 다양한 경험의 본질을 이해하는 현상학적 접근방식이 여전히 중요하며 이런 경험에 미치는 물리적 환경의 영향을 이해하는 것이 환경을 설계하는 전문가들에게 의미가 있는 이유이다.

4.2 질문을 위한 틀 잡기

이 책의 바탕이 된 학교 환경의 체험 관련 조사를 위해, 필자는 단순한 서술 차원을 넘어 공간적 측면을 알려줄 말과 글, 스케치로 이루어진 광범위한 정보취득을 목표로 참가자들에게 그들이 처리하고 저장하고 되살려낸 장소의 생생한 특징과 관련된 기억들을 떠올려 달라고 요청했

---

[12] Max van Manen, *Researching Lived Experience: Human Science for an Action Sensitive Pedagogy*(Albany, NY: State University of New York Press, 1990), 11.

Fig. 4.1 삶의 질과 관련된 장소성의 역할

다. 연구과정에 참여한 아이들과 어른들에게 학교 내 구체적 공간에 앉아 체험 장소를 그리게 하는 대신, 이미 그들 나름의 스키마로 구축된 학교 환경과 좋아하는 장소들을 회상해 달라고 요청했다. 애착 없이는 주의를 기울일 수 없다는 이론에 기반한 감정과 인지 발달 사이의 관계를 우리가 인정할 때, 인지 능력 내에 선별적으로 내재되고 단어와 문장, 스케치로 되살아난 물리적 양상들은 참가자의 감정과 주의를 끌었던 특징들을 자연스럽게 보여 주게 된다. 그런 작업은 학교 환경에서 아이들의 장소성 구축에 도움이 되는 특징을 발견하도록 실마리를 제공하기 때문에, 주목할 만한 의미있는 지식을 찾아낼 수 있는 접근방식이다(Fig. 4.1).

필자는 개인적인 장소 경험을 전달해 줄 매체로 다음의 것들을 채택했다. 학교 가이드 맵, 기억 스케치, 인터뷰, 글쓰기, 설문지. 여기에 필자의 현장 관찰도 더했다. 채택된 모든 매체는 특정 장소에서 겪은 개인적인 경험을 전달하기에는 불완전한 매체들이다. 필자는 그러한 매체에서 얻은 연구 자료는 경험을 재현하는 과정에서 이미 한 차례 변환과정을 거친 자료라는 사실을 받아들이면서, 연구대상자가 장소 경험을 서술하는 것을 도와줄 모든 가능한 데이터를 모으려고 노력했다.

가이드 맵은 공간에 대한 정보를 보여 주는 도구이자 길을 찾아내는 도구로서 기본적으로 인지 지도(cognitive map)다.[13] 인지 지도는 공간적 방향 설정이나 길 찾기, 환경 학습, 거리 예측, 랜드마크의 위치 파악과 방향 판단에 기본적인 역할을 수행한다.[14] 개인들 간의 차이가 공간의 재현에 영향을 주는 건 당연한 일이다. 공간과 관련한 풍부한 경험은 환경 인지와 공간 추상화(spatial abstraction) 양쪽 모두의 발달에 관련이 있다는 것[15]을 보여주는 실증데이터를 통해, 우리는 초등학생의 인지 지도를 보고 아이들의 공간 능력(spatial ability) 발달 정도를 가늠할 수 있다.

이 책에서 활용한 인지 지도의 일종인 기억 스케치는 환경심리학 분야에서 개인들의 공간 능력과 관련한 정확성을 높이려는 다차원적 방법을 활용한 인지 연구에서 비롯됐다. 가이드 맵은 응답자가 묘사하는 장소들의 맥락에 대한 기초적이고 추상적인 정보를 제공하는 반면, 기억 스케치는 장소들에 대한 더 주관적이면서도 깊이 있는 서술을 제공한다. 스케치는 심리적 측면이 더 많이 반영되고 표현도 더 풍부하다. 장소에 대한 더 의미 있는 심리적 재현물인 스케치는, 응답자의 스케치 능력이 문제가 될 때 드러내는 데이터의 한계와는 상관없이, 물리적 장소의 특징을 시각적인 방식으로 제공할 수 있다.

어른의 기억에 각인된 어린 시절 학교의 장소들을 발굴하기 위해 이

---

13 이 용어는 1948년에 톨먼(Tolman)이 미로를 탐색하는 쥐의 행동을 설명하기 위해 소개한 것으로, 길 찾기 과정에 사용되는 중요한 용어이므로 인간에게도 사용된다.
Emanuele Coluccia, Giorgia Iosue, and Maria Antonella Brandimonte, "The relationship between map drawing and spatial orientation abilities: A study of gender differences." *Journal of Environmental Psychology* 27(2007): 135-144.

14 Coluccia, Iosue, and Brandimonte 2007, 135.

15 Lynn S. Liben, "Spatial representation and behavior: Multiple perspectives," in Lynn S. Liben, Arthur H. Patterson, and Nora Newcombe(eds.), *Spatial Representation and Behavior Across the Life Span: Theory and Application*(New York, NY: Academic Press, 1981), 20.

연구가 채택한 기억 스케치는 2장에서 설명한 클레어 쿠퍼 마커스의 '환경 자서전' 개념으로 주목을 받은 바 있다. 그녀는 어린 시절에 겪은 장소의 특징을 탐구하기 위해 스케치와 지도, 글쓰기를 활용하는 고유한 방법을 개발했다.**16** 어린 시절에 겪은 다양한 장소가 가진 의미를 탐구한 데이비드 소벨의 저서 『어린이의 특별한 장소들(Children's Special Places)』은 이 방법을 다시 집중적으로 활용했다.

필자는 건축학 전공 학생들의 어린 시절 기억의 장소들과 아이들의 학교 내 선호장소들의 공간의 질을 평가하기 위해, 장소 유발기제의 존재 여부를 확인하는 것을 포함하여, 추상화의 필터를 거쳐 기억 스케치를 활용했다. 인터뷰와 설문조사를 통해 필자는 자신이 좋아하는 장소를 묘사하는 아이들의 구술 및 글의 표현에 초점을 맞출 수 있었고, 그 결과 장소에 대한 실제 경험과 시각적 재현 사이에 존재하는 간극을 메울 수 있었다. 스케치 작성과 인터뷰 이후에 행한 현장 관찰도 큰 도움을 주었다. 아이들이 특정 장소에서 하는 행동을 확인할 수 있었기 때문이다.

초등학교 학생들의 체험을 연구하려면, 일반적인 연구전략 외에도, 체계가 잡히지 않은 아이들의 소통 능력을 고려한 몇 가지 전략이 필요하다. 8세 이하의 아이들을 대상으로 연구할 경우, 저학년 아이들(1학년과 2학년)이 말로 분명하게 표현하는 데 어려움을 겪는 탓에 해석과 분석 과정이 복잡하다는 것은 잘 알려진 사실이다. 이 연구에서는 여러 방법에 의존하면서, 각각의 방법으로 측정한 변수들을 '데이터 출처와 방법의

---

16 Clare Cooper Marcus, "Remembrance of landscapes past." *Landscape* 22.3(1978): 35-43.

삼각검증'을 통해서도 검증한 바 데이터의 신뢰성을 비교하고 확인하는 것이 가능했다.

어른 대상 서베이

연구의 첫 부분은 어른들의 학교에 대한 기억을 그린 스케치와 그에 덧붙인 짧은 설명으로부터 데이터를 모으는 작업이었다. 하와이대학교 건축대학(School of Architecture) 학생들이 스케치 세션에서 조사대상이 되었다. 어린 시절 학교의 장소들에 대한 기억 스케치를 위해, 두 집단의 학생을 조사했는데 첫 집단은 대학 재학기간이 4년에서 7년 사이인 고학년 레벨의 학생 15명으로 구성됐다.[17] 두 번째 집단은 동일한 프로그램 소속 신입생들로 구성되었다. 이 학생들은 시각적 편향성 측면에서 전문 교육으로 인한 편견을 아직 갖지 않은 그룹으로 간주된다. 서술형 답변과 짧은 인터뷰를 통해 스케치 세션에 참가한 학생은 26명이었다.

두 집단 학생들에게 그려 달라고 요청한 스케치 세트는 각기 달랐다. 고학년 레벨 학생들에게는 스케치 두 장을 그려 달라고 요청했다. 어린 시절의 기억 스케치, 그리고 그들이 다닌 초등학교에 대한 기억 스케치이다. 참가자들은 각자 스케치에 덧붙인 설명 문구를 서로 공유했다. 신입생 집단에게는 과거에 다닌 학교에서 좋아하던 장소에 대한 스케치를 한 세트 그려 달라고 요청했다. 그 스케치는 해당 학교의 전반적인 가이드 맵(인지 지도), 그리고 그 학생이 교내에서 좋아한 기억의 장소로

---

17 연구기간 동안, 하와이대학교의 건축대학은 포괄적인 6~7년 기간의 전문건축박사 (Professional Architecture Doctorate, Arch.D) 학위 프로그램을 운영했다. 학생들은 고등학교에서 직접 이 프로그램에 입학했고, 대학 수준의 교육을 마친 사람도 개인적인 배경에 따라 다양한 수준으로 입학이 가능했다.

구성됐다. 설계 스튜디오 소속 신입생들이 13명씩 정규 수업시간에 스튜디오 튜터들의 양해하에 이틀에 걸쳐 각각 스케치 세션에 참가했다.

개별의 스케치 작성용지에는 그 스케치가 어느 시기, 어디를 그린 것인지 묻고, 전반적인 장소의 질에 대해 서술하는 부분이 있었다. 스케치를 취합하고 나서, 학생들은 다른 참가자들에게 자신들이 그린 내용을 말로 설명했다. 스케치의 내용과 설명들은 인터뷰를 기록한 녹취록과 함께 다음과 같은 요소들을 고려하면서 개별적으로 검토되었다.

- 풍부한 기억과 빈약한 기억
- 실내와 실외
- 기능 영역과 심상 영역
- 개인적인 신체/정신 표현
- 사회적 표현
- 장소의 물리적 질

아이들의 경험을 어른들의 어릴 때 기억과 비교하기 위해, 이 요소들은 초등학생들의 스케치, 인터뷰 분석과 함께 확인되었다. 학생들의 설문지 답변에 대해서는 추가 정보를 요청하기도 했다. 전반적인 패턴이 있을 경우 일부 수치들을 비교해 보았지만, 질적 연구임을 고려하여 통계분석은 의도적으로 피했다.

아이들 대상 서베이

연구의 두 번째 부분은 아이들이 현재 다니는 학교 세팅에서 겪는 경험에 집중했다. 학교내 아이들의 선호장소들이 다양한 매체를 이용하여 분석되었다. 아이들이 좋아하는 학교 세팅의 틀을 잡기 위해 초등학생의 체험이 스케치와 인터뷰, 그리고 아이들의 도움으로 찍은 사진과 함께 분석되고 평가되었다. 환경에 대한 인지 발달 한가운데에 있는 3학년부터 5학년까지 사이의 아이들을 대표 집단으로 선정했다. 이 세션은 모두 교내에서 진행되었는데 다음과 같은 세 가지 활동으로 구성됐다.

- 다니고 있는 학교에 대한 아이들의 이해 수준을 파악하기 위한 선호장소들을 그림으로 그리는 스케치 세션(간단한 라인 드로잉line drawing)
- 설문지 상의 묘사를 좀 더 자세히 설명하기 위한 아이들의 설문 답변에 기반한 개별 심층 인터뷰
- 아이들이 스케치에 그린 교내 장소 방문과 해당 지점을 언급한 아이들의 도움으로 진행한 사진 촬영

첫 스케치는, 준비된 별 모양 스티커로 응답자가 학교 내 좋아하는 특정 장소에 표시를 하면서 전반적인 학교 가이드 맵을 그리는 것이었다. 별모양 스티커의 색깔은 남자아이와 여자아이의 성별에 따라 달리했다. 두 번째 스케치는 각자 처음 그린 스케치에 좋아하는 곳으로 표시한 선호지점을 더 상세하게 그리는 것이었다. 이 작업은 특정한 모습에 대한 지각과 특정한 물리적 세팅과의 관계 같은 정보들이 들어 있기 때문에 더 많은 관심이 필요했다. 아이들의 설문지 답변과 심층 인터뷰 중 설명은 아이들이 그린 장소의 질을 드러냈다. 설문지와 인터뷰는 다음과 같은 문항들로 구성됐다.

- 무엇을 그린 것인가요?(전반적인 설명)

- 이곳이 왜 가장 좋은가요?
- 거기에는 뭐가 있는지요?(물리적 요소)
- 거기에서 무엇을 하는가요?(행동)
- 이 장소의 특별한 점은 무엇인가요?(시각적/후각적/청각적/촉각적 경험 포함)
- 이 장소와 관련된 특별한 경험이나 기억이 있나요?
- 이곳이 제일 자주 이용하는 공간인가요?(이용 관련)
- 이곳이 제일 중요한 장소인가요? 또는 다른 중요한 장소가 있나요?(가치 관련)

이 문항들을 통해 아이들이 좋아하는 장소들의 구체적인 특징을, 그리고 아이들의 행동과 물리적 세팅 사이의 관계를 밝힐 수 있었다. 이와 더불어, 아이들이 자주 이용하는 공간과 그 공간의 중요성, 그리고 아이들의 그 공간에 대한 애착 사이의 미묘한 구분을 명확하게 할 수 있었다. 더 중요한 건, 스케치에 명백히 표시된 시각적 지각과 더불어 장소의 후각적, 촉각적, 청각적 본질 같은 다른 현상학적 측면들이 서술되었다는 것이다

아이들과 함께 해당 공간의 사진을 촬영한 것은 아이들이 스케치로 그리고 인터뷰에서 묘사한 내용을 확인하는 과정이었다. 인터뷰는 아이들이 다른 아이가 하는 말을 따라하는 것을 피하기 위해 따로따로 진행했다. 학교들 중 한 곳은 학교 방침에 따라 아이들을 개별적으로 인터뷰하거나 사진을 촬영하는 것을 허락하지 않았다. 그 학교의 경우, 의미 있는 정보를 더 많이 수집하기 위해 설명을 위한 설문지를 더 상세하게 준비했다.

학교 I	학교 II	학교 III
빈약한 분절	중간 수준의 분절	풍부한 분절

Fig. 4.2 분절의 관점에서 선정된 학교 세팅들

공간적 요소들의 분절 정도를 바탕으로 세 개의 서로 다른 학교 세팅이 선택되었다(Fig 4.2). 여기에서의 가설은 공간적 분절이 많은 학교들이 더 자세한 서술을 끌어내고 언급되는 장소도 더 많은 반면, 이와 반대로 공간적 분절 수준이 낮은 학교들은 아이들로부터 빈약한 서술을 끌어낼 것이고 선호장소로 인용되는 곳도 더 적을 것이라는 것이다. 이 가설은 분절된 물리적 세팅의 중요성, 그리고 이것의 학교 환경에 대한 아이들의 지각과의 연관성, 그리고 아마도 학교 환경을 향한 아이들의 애착에 끼치는 영향을 확인해 줄 것이라는 것이다.

두 집단의 비교

두 집단을 분석하는 틀로 무어와 영의 삼각형, 그리고 무어의 기능 영역과 심상 영역의 이분법을 사용했다. 장소 유발기제라는 가설적인 개념도 학교를 기억의 장소로 만들기 위한 데이터와 매체 분석을 위한 틀로 함께 검토했다. 각 집단을 대상으로 진행한 조사내용을 분석한 후, 아이들의 스케치들을 그보다 먼저 진행한 성인들의 스케치들과 비교하는 작업이 진행되었다. 성인들의 스케치는 조사 대상이 된 아이들과 동일한 학교 세팅에서 나온 것은 아니었지만, 그들의 스케치를 분석하면 장소성이 청소년기를 거치는 내내 지속되도록 기여하는 요소들이 드러날 것이라는 기대가 있었다. 서술방식, 그리고 장소의 이미지를 형성한 물리적 특징들의 교차 검토를 통해 해당 요소들이 어른이 되어서도 기억에 계속 남게 되는 양상들을 발견하게 되리라는 기대였다. 필자는 아이들이 현재 다니는 학교 세팅의 경험을 그린 스케치와 글을 통해 역동적인 장소 지각과 물리적 세팅의 특정 모습들에 주목하는 경향을 발견할 수 있었다. 어른들의 뇌리에 각인된 기억 스케치는 기억을 더듬고 되살리는 과정을 거치면서 어린 시절 학교의 특정지점과 관련해서 그들의 기억에 오래도록 남은 것이 무엇인지를 알려준다. 아이들과 어른들의 서술 사이에서 데이터를 중첩시킴으로써 학교를 아이들의 인지 발달을 도울 뿐 아니라 개인의 기억에 긍정적으로 각인되어 삶의 질에 영원토록 영향을 끼칠 장소로 만들고자 하는 건축가에게 열쇠를 제공하게 된다.

　장소에 대한 어른들과 아이들의 스케치 간에 중첩되는 요인들을 탐구하는 과정에서, 물리적 환경 설계에 있어 장소성 구축의 열쇠로 작용할 중요한 특징 뿐 아니라 어른들의 기억 스케치에서 기억의 장소에 대한 가장 가시적인 재현요소로서의 장소 유발기제의 존재 여부도 검토될 것이다.

5장
어른들의 기억의
장소로서의 학교

5.1 오늘날 학교 환경의 양상들

일반적으로 학교는 오로지 학습의 결과만을 강조하는 학습의 장소로
여겨진다. 하지만 학교는 사회적·신체적·물리적 요인들이 뒤섞이는 곳
이자, 아이들이 대부분의 시간을 보내는 곳이다. 오늘날 아이들이 과거
에 비해 학교 세팅 내에서 상당히 많은 시간을 보내게 되면서 학교 내에
서 장소성이 갖는 중요성은 더욱 커졌다. 아동 발달의 관점에서 학교 환
경의 중요성에도 불구하고, 연구자들은 발달과정상 변화가 이루어지는
장소로서나, 아이의 기억에 장기적으로 새겨지고 삶의 질에 영향을 주
는 장소로서의 학교에 관심을 두지 않았다. 어린 시절 장소에 대한 과거
의 연구는 가정과 동네에 치우쳐 있었다. 아이들이 처음으로 만나게 되
는 세팅이자 가장 흔하게 묘사되는 곳들이기 때문이다.

장소성이 특정 장소에 대해 품은 개인적인 애착에 대한 것임을 감안하면, 장소에 대한 연구는 사적 영역에 초점을 맞추는 경향이 있다. 그렇지만 발달단계 와중에 있는 더 많은 아이에게 영향을 끼칠지도 모르는 공유된 장소성을 확인하기 위해서는 학교와 동네, 직접 접하는 자연적 세팅 같은 공적 영역에 관한 연구가 더 많이 필요하다. 공유된 장소성이라는 주제에 대한 연구는 장소 관련 담론에서 개인적 서술에서 비롯된 모호성을 줄이며 더 객관적인 가치를 확보하는 쪽으로 한 걸음 더 나아갈 수 있다. 개인적 서술의 모호함이 장소성에 대한 대중의 일반적 수용을 종종 와해시키곤 했기 때문이다.

급격한 도시화와 고령화의 맥락에서, 학교는 외부와의 경계와 프로그램에 있어 변화에 직면해 있다. 오늘날 도시의 학교들은 공간의 수직화와 커뮤니티와의 공간 공유라는 요구를 받고 있다. 커뮤니티 시설이 학교 내부로 들어오는 경향이 점차 보편화함에 따라, 학교의 경계는 갈수록 모호해지고 있다. 그러므로 커뮤니티의 장소로서 학교는 더 다양한 측면에서, 아동 발달 관련 이슈뿐 만이 아니라 강한 장소성을 만들어 낼 공공 영역으로서 연구될 필요가 있다. (이 이슈들은 7장에서 더 자세히 다루어질 것이다.)

학교 환경을 대상으로 한 연구는 물리적 세팅을 중점적으로 다루어왔다. 학교 환경 연구의 주요 주제는 주로 학습 결과와 밀도 문제, 전통적인 교실 세팅에 대한 대안으로서의 개방된 가변형 공간시스템과 관련되어 있었다. 실내공간설계에 있어서는 환경심리학 분야 연구에 소음과 조명, 색상, 실내 환경과 공간 배열같은 요소들이 포함된다. 환경 유능성(environmental competence)이 언급될 때조차, 아동 발달의 측면을 연구하는 관점 대신, 정확도 관점에서 측정이 이루어진다.[1] 미래 학교의 이슈는 학교 환경의 공간적 구성이라는 전통적인 관심과는 거리를 두면서,

학습과 학습활동들이 행해지는 시설에 대한 새로운 접근방식을 다룬다. 그 새로운 접근방식들은 자기 주도적 학습자나 개인적 니즈를 가진 학습자에게 맞는 더 혁신적인 공간들에 초점을 맞춘다. 그럼에도, 학교는 학생 개개인의 수용력이 갖는 넓은 스펙트럼과는 무관하게 학습을 위한 공간으로 간주되는 경향이 있다. 장소로서의 학교라는 주제는, 심지어 아동 발달이라는 이슈와 엮어서도, 거의 언급되지 않는다. 다양한 음환경(acoustic variation)과 자유로움의 관점에서 학교 내 조용한 침잠의 공간이 갖는 장점을 다룬 최근 논문들은 우리의 관심을 학교 환경의 정서적 측면으로 돌려놓는데 일조를 했다.[2] 그럼에도 불구하고, 제일 중요한 쟁점은 아동 발달에 영향을 끼치는 것으로 알려진 장소성을 지원하는 학교 환경을 어떻게 만들것인가이다.

필자는 장소의 본질에 대한 장기간의 연구과정에서 수업을 수강하는 학생이나 대중강연 중 청중에게서 상당히 많은 어린 시절 기억 스케치를 모았고, 어린 시절의 기억의 장소와 관련된 공통적인 특징들을 도출하게 되었다. 그리고 그 데이터들이 이 책에 소개된 연구 아이디어에 영감을 주었다.

어른들의 어린 시절 기억 스케치는 거의 항상 집 내부나 집 근처, 동네 경계 내 장소─가끔은 어른의 도움을 받아 방문했던 특별한 장소─를 다룬다. 학교와 관련된 장소를 다루는 경우는 무척 드물다. 하와이대학교 건축전공 학생들의 기억 스케치를 분석했을 때에도 이러한 경향은

1 Robert Gifford, *Environmental Psychology: Principles and Practice*(Optimal Books, 2002), 296-336.

2 Catherine Burke, "Quiet stories of educational design," in Kate Darian-Smith and Julie Willis(eds.), *Designing Schools, Space, Place and Pedagogy*(New York, NY: Routledge, 2017), 191-204.

마찬가지였다. 학생들에게 초등학교 재학 당시의 기억의 장소를 스케치해 달라고 요청했을 때, 그 결과는 두 집단으로 뚜렷하게 나뉘었다. 상세하고 풍부한 기억, 그리고 부정적인 기억에서 비롯된 빈약한 서술이었다.

예를 들어, 캘리포니아 샌디에고에서 초등학교를 다닌 한 학생은 그 학교에 대한 기억의 장소를 다음과 같이 기술했다.

> 내가 좋아한 곳은 3학년 놀이터였다. 그곳은 내 또래와 친구들만 들어갈 수 있는 나만의 뒷마당 같은 느낌이었다. 놀이터에 공용 통로는 딱 하나였고, 동쪽은 산으로 둘러싸여 있었다. 학교에는 또 다른 놀이터도 있었는데, 그 놀이터는 우리 놀이터보다 위쪽에 있었다. 그래서 내 놀이터는 오로지 나와 친구들에게만 허락된 전용 정글처럼 느껴졌다.

이와는 대조적으로, 한 학생은 그녀가 다닌 하와이의 학교를 부정적인 방식으로 서술했다.

> 교실 내부는 늘 감방처럼 느껴졌다. 벽은 콘크리트였고 창문에는 침입자를 막으려는 쇠창살이 설치되어 있었기 때문이다.

긍정적인 기억을 가진 학생이 그녀가 좋아한 교내 장소에 대한 풍부한 기억을 언급하며 교실에서 바라보며 즐긴 풍경과 몸으로 느낀 산들바람을 언급한 반면, 부정적인 기억을 가진 학생의 서술은 빈약했다.

어린 시절 환경은 아이들이 몸과 마음으로 교류하는 주변환경으로,

그 자체가 아이들을 위한 교과서라는 사실은 잘 알려져 있다. 장소의 경험, 특히 인성이 형성되는 몇 년 동안의 경험은 정체성 형성(identity formation)과 관련되어 있다.[3] 그렇기에 그 경험은 어린 시절 학교 환경의 장소성과 관련해 어른들에게 지속적으로 긍정적 기억으로 영향을 주는 요인들을 자세히 살피고 분석하는 중요한 정보의 원천이 될 것이다. 예를 들어, 앞서 소개한 학생이 제출한 긍정적인 기억의 장소 관련 서술과 스케치를 분석해 볼 때 학교 환경 설계자에게 도움이 될 소중한 정보가 제공된다. 캘리포니아에 있는 학교 내 기억의 장소를 호의적으로 기술한 간단한 문장을 분석해 보면 다음과 같은 사실을 알 수 있다.

- 그녀는 본인 학년의 놀이터가 상급생용 놀이터와 분리돼 있다는 사실을 감사히 여겼다.
- "오로지 나와 친구들만"이라고 서술한 것처럼, 그녀 입장에서 이는 프라이버시를 가진다는 특별한 느낌을 줬다.
- 교실에서 (창문을 통해) 볼 수 있는 대상은 중요하다.
- 아이들은 울타리를, 이 경우에는 산(山)을 긍정적인 느낌으로 지각한다.
- 아이들은 그들의 장소에 일반인의 접근을 제한하는 것에 긍정적인 느낌을 부여하고, 그런 상황은 '안전함'의 속성으로 해석할 수 있다.

보편적인 의미나 본질이 담긴 개인적 사례에서 출발하는 것은 현상학

---

3 Christian Norberg-Schulz, *Existence, Space and Architecture*(New York, NY: Praeger Publishers, 1971), 25.

의 기본적인 접근방식이다. 현상학은 특수성과 보편성을 구분하지 않기 때문이다. 현상학은 우리가 개인 특유의 관점을 이해하는 것을 허용하는 접근방식이므로, 모든 개별의 관점은 보고 경험하는 서로 다른 시점을 대표한다는 점에서 "옳다."[4] 개인들의 경험을 탐구하면, 개인들이 각자의 개념과 현상들을 공유할 때 그것이 그들에게 무슨 의미였는지를 드러내는 데 도움이 된다. 현상학의 보편적 접근방식은 의미를 불러일으키기 위한 경험에 전념하는 것으로, 그런 접근방식은 개인들에게 학교에서의 체험에 대해 묻는 것을 통해서만 가능하다. 설령 개인들이 환경에 상이한 반응을 보이더라도, 그리고 장소성이 물리적·사회적·개인적 요인들 사이에서 상호의존적으로 구축되더라도, 우리가 많은 데이터를 모아 학교 내 장소 애착을 구축하는 데 유익하다고 해석할 만한 공통 요인들을 찾아내어 더 좋은 학교 설계에 적용할 공식으로 이것을 해석하는 것이 그리 심한 논리적 비약은 아니다. 그러므로 개인적인 것으로 보이는 다양한 체험을 공유할 때, 우리는 일반화할 수 있는 본질을 찾으며 가치를 부여할 만한 다양한 양상을 도출하고 해석할 수 있다. 학교에 대한 기억의 장소에서 어른들이 겪은 체험의 이런 양상들을 초등학교에 재학 중인 아이들의 현재의 경험과 교차 검토할 수 있다면, 우리는 궁극적으로 장소성을 구축하는, 나아가 아동 발달을 지원하는 학교 환경 설계를 위한 소중한 정보를 얻을 수 있다.

---

4 Robert Sokolowski, *Introduction to Phenomenology*(Cambridge: Cambridge University Press, 2000), 42.

5.2 어른의 기억 스케치에 등장한 학교 내 장소

필자가 하와이대학교 학생들을 대상으로 어린 시절 학교 내 장소에 대한 기억 스케치 작업을 진행했을 때, 학생들의 나이와 언급된 장소와는 무관하게, 소중하게 여기는 장소 기억을 가진 학생들은 학교 세팅의 물리적 요소들을 생생하게 기억하며 그림으로 옮기는 경우가 잦았다. 반대로 기억이 긍정적이지도 뚜렷하지도 않은 경우 그들의 스케치는 보여 주는 내용이 별로 없었다. 이 결과는 여러 자서전에 묘사된 어린 시절의 장소들을 검토하여 좋은 기억과 나쁜 기억 사이의 극단적 차이에 대해 밝힌 루이스 차울라의 분석을 재확인해 준다.[5]

　다음의 스케치 세트(Fig. 5.1과 Fig. 5.2)를 통해 학교 환경에 대한 기억의 질을 확인할 수 있다. 첫 스케치 세트는 자신들이 다닌 학교의 물리적 특징을 기억하는 데 어려움을 겪은 학생들의 스케치이다. 학생들은 자신이 놀았던 놀이기구 한가지나(Fig. 5.1: 위-가운데와 아래-왼쪽)나 "아이들이 많은 굉장히 넓은 운동장"으로 설명된 추상적인 공간(Fig. 5.1: 위-왼쪽과 아래-오른쪽), 또는 학생이 수업을 기다리는 출입문과 보도(Fig. 5.1: 위-오른쪽), 아니면 밋밋한 옥외공간(Fig. 5.1: 아래-가운데)을 그렸다.

　첫 스케치 세트와는 대조적으로, 다음의 스케치 세트(Fig. 5.2)는 교내 기억의 장소들에 대한 무척 정교한 묘사를 보여 주었다. 괌 출신의 어느 학생은 친구들과 뛰어 놀았던, 철조망 울타리가 있고 한가운데에 커다란 나무가 있는 놀이터를 보여 주었다(Fig. 5.2: 위-왼쪽). 요르단에서 온 여학생

---

5 Louise Chawla, "Childhood place attachments," in Irwin Altman and Setha M. Low(eds.), *Place Attachment*(New York, NY: Plenum Press, 1992), 73.

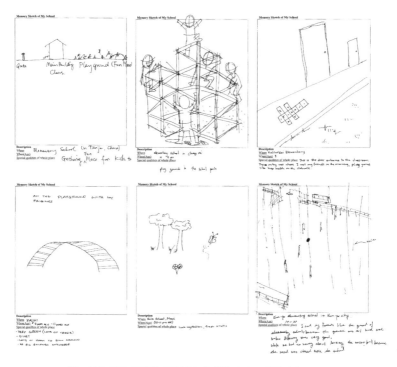

Fig. 5.1 어린 시절의 교내 장소에 대한 기억 스케치(빈약한 기억)

은 친구들과 조용하고 평화로운 시간을 보낸, 학교 건물 중간층의 옥상 정원을 그렸다(Fig. 5.2: 아래-왼쪽). 필리핀 출신 학생은 자부심을 일깨운, 탑과 연못이 있는 학교의 중정(中庭)을 그려 보여 주었다(Fig. 5.2: 아래-오른쪽). 응답자들은 사회적 교류가 이루어지는 장소들 뿐 아니라 프라이버시를 제공하는 장소들(Fig. 5.2: 위-가운데와 아래-가운데)과 "몸을 숨기고 관망할 수 있는 곳"의 진가도 알아보았다. 자신이 뭔가 성취를 이룬 장소 또는 상당한 시간을 보낸 장소도 의미 있는 장소로 언급했다.

풍부한 기억을 보여 준 그룹에서 발견된 흥미로운 사실 하나는 학생

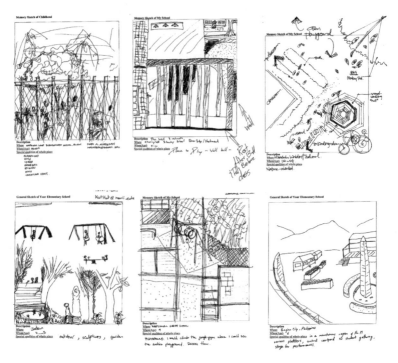

Fig. 5.2 어린 시절의 교내 장소에 대한 기억 스케치(풍부한 기억)

들이 그린 스케치가 보편적으로 완성도가 있었다는 사실과 장소 유발 기제(경계, 중심, 길, 문턱, 가장자리)로 볼 수 있는 공간적 개념들이 일반적으로 드러난 점이었다. 그리고 고학년 학생 집단에서 이런 특징은 한층 더 뚜렷했다. 풍부한 기억과 빈약한 기억으로 뚜렷하게 양분된다는 것이 두 집단의 학생들로부터의 첫 번째 식별 가능한 특징이다.

Table 5.1에서 보듯, 환경심리학자 루이스 차울라는 자서전 분석을 통해 어린 시절의 장소 애착을 네 가지 형식으로 범주화했다.[6]

Fig. 5.1 어린시절 장소 애착의 네가지 형식(Chawla, 1992, 75)

애정 Affection	행복, 안정감과 관련된 우리의 뿌리를 추적할 장소에 대한 애정. 사회적 환경을 아우르며, 어떤 장소와 그 장소 내 사람들에게 느끼는 따스한 감정 사이에 유사점이 있다.
초월 Transcendence	외부세계와 맺은 역동적인 관계에서 비롯된 느낌이자, 자연과의 깊은 유대감으로부터의 느낌. 환경과 직접적 일대일 소통을 통해 사회적 관습을 초월한다.
양가감정 Ambivalence	가족의 약점 또는 사회적 부당함과 오명(stigma)이 내재된 긴장감 때문에 복잡해진, 출신 장소에 자신을 동일시하는 것. 한 사람의 인성과 관점이 발달한 곳이자 애정 어린 깊은 유대감의 장소인 까닭에 거부할 수 없지만, 그렇다고 편안하게 받아들일 수도 없는 장소이다.
이상화 Idealization	구체적 체험장소(concretely lived-in-place)보다는 환경의 추상적 개념과 동일시하는 청소년기에 시작되는 감정. 그 장소는 애국심처럼 지리적인 지역일 수도, 상상 속 영역일 수도 있다. 이 정신 속 세상은 개인적인 욕망과 가치의 강렬한 상징이 된다.

　　어린 시절 장소 애착의 네 가지 형태를 검토하면서, 우리는 어린 시절에 보내는 시간 중 가정에 버금가는 장소인 학교 환경이 반드시 좋은 기억만 불러오는 것이 아니라는 사실을 쉽게 이해할 수 있다. 응답자 자신이 기억해 내려는 그곳에서의 특정 활동의 맥락을 선명하게 기억하지 못했을 경우, 빈약한 기억 관련 장소가 기능 영역(활동 및 용도 지향적)인 경향이 있다는 사실은 흥미롭다. 반면, 심상 영역은 풍부한 기억의 장소들에서만 등장했다. 학생들이 언급한 일부 장소는 기능 영역과 심상 영역이 중첩된 곳이었고, 그런 장소에 대한 언급은 늘 풍부한 기억의 경우에만 해당됐다. 로빈 무어(Robin Moore)의 '기능 영역'[7]과 '심상 영역'[8]의 구분

6　Chawla 1992, 75.

7　실제로 장소를 사용하는 영역이며, 아이들은 그 장소에 대해 제한적인 통제력만 갖는다.

은 이 결과를 뒷받침한다.[9] 신입생 집단은 고학년 레벨 학생들에 비해 기능 영역에 치우친 스케치와 설명을 더 많이 보여 주었다. 풍부한 기억과 빈약한 기억의 비율은 양쪽 집단에서 거의 동일했지만 말이다.

심상 영역이―몸과 마음 모두의―내면의 공간과 결부된 반면, 기능 영역이 사회적 교류의 장소인 것은 흥미로운 발견이다. 학생들의 어린 시절 장소에 대한 기억 스케치와 설명의 결과는 무어와 영의 삼각형(Fig. 3.2)과 일관성이 있다고 해석할 수 있는데, 무어와 영의 삼각형은 장소성을 지상학적 공간과 사회적 공간, 내면의 공간이라는 세 가지 측면의 상호작용을 통해 형성된 것으로 정의한 바 있다.

장소성을 구축하는 이 세 가지 측면 중에서, 학교의 사회적 측면은 다음의 문장에 잘 표현돼 있다.

> 정의상, 학교는 사회화를 위해 설계되고 사전에 조율된 매개체이다. 일반적으로 학교는, 가정과 동네 세팅에 비해, 아이들의 초기 경험에서 가장 예측 가능하고 제일 탄탄한 구조를 가진 사회–물리적(socio-physical) 세팅이다. 아이가 가정과 동네 세팅에서 발전시킨 물리적 공간 개념과 니즈와 기대가 무엇이었던, 그것들은 교실과 사회적 학습 환경의 필요조건과 활동, 규범적 요구에 부합되어야 한다.[10]

---

8 가치, 감각을 통한 지각, 장기 기억의 영역(the realm of values, sensory perception, and long-term memory).

9 Chawla 1992, 82.

10 Harold M. Proshansky and Abbe K. Fabian, "The development of place identity in the child," in Carol Simon Weinstein and Thomas G. David(eds.), *Spaces for Children: The Built Environment and Child Development*(New York, NY: Plenum Press, 1987), 33.

사회적 애착에 대한 시어스(Sears)의 연구에 의하면 아이가 엄마에게 가지는 애착은 3세 때 최고 수준에 달하는데, 사람들은 어린 시절부터 서서히 청소년기와 성인기에 걸쳐 대안적 애착 대상을 찾아 나선다. 엄마를 향한 애착이 줄어들면, 물리적 환경이 아이들의 경험에 더 큰 영향력을 행사하기 시작한다.[11] 이 주장은 아이들이 겪는 발달과정상 변화에 대한 의미 있는 정보를 제공하면서 아이들의 애착 패턴의 변화(Fig. 3.1)와 일관성을 보인다.

학생들의 기억 스케치만으로 문화적 가치와 세세한 사회적 상호작용을 판단하는 것은 불가능한 일이지만, 글을 통해서건 말을 통해서건, 추가적인 응답들은 특정 장소의 사회적 속성을 드러낼 수 있었다. 신입생 응답자 26명 중 15명이, 그리고 고학년 학생 집단의 15명 중 9명이 사회적 상호작용이 이루어지는 장소들을 언급했다. 사회적 공간의 양상들은 신입생과 고학년 그룹이 약간 달랐다. 신입생 집단에서, 사회적 요인들은 빈약한 기억 집단과 풍부한 기억 집단 양쪽의 숫자에서 차이를 보이지 않았다. 하지만, 고학년 그룹에서는 빈약한 기억 집단만이 두드러진 사회적 속성들을 보였다. 고학년 레벨의 학생들이 신입생 집단에 비해 심상 영역을 더 많이 인용한 이 결과는, 심상 영역은 사회적 요인들과 일치하지 않는 게 분명하다는 사실과 관련이 있어 보인다.

고학년 학생 집단이 그린 스케치는 시각적 측면에서 심상영역이 더 많다는 사실이 두드러졌다. 그 스케치들은 뒷배경의 배치를 비롯하여 완벽한 구도를 보여 주었는데, 이것은 아동 발달 이론에 관한 한 드문 일이다. 아동 발달이론은 어린 시절에 접한 모든 공간은 상호작용을 통해

---

11 Chawla 1992, 68.

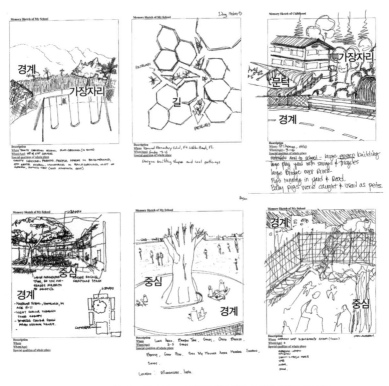

Fig. 5.3 고학년 그룹의 장소 유발기제를 갖춘 교내 기억의 장소들

큰 의미를 획득한다고 가정하며, 아동의 스키마에 뒷배경이라는 개념은 없다고 가정한다. 이 이론은 특정한 의미와 관련이 있을 때에만 스케치에 물리적 요소를 그려넣은 신입생들의 경우에서도 확인된다. 고학년 학생들의 스케치는 환경의 시각적 특징에 대한 상세한 묘사 외에도, 장소 유발기제로 정의한 공간 개념을 포함하고 있는 경향이 있었는데 이것은 탐구해야 할 또 다른 중요한 주제다.

참여자 중 한 학생은 근처에 덤불이 있고 멀리 산들이 보이는 학교 뒷마당의 그네를 그렸다(Fig. 5.3: 위-왼쪽). 이 스케치에서 우리는 '경계'와 '가장자리'를 발견할 수 있다. '길'은 또 다른 학생의 학교 기억 스케치에서 뚜렷이 보이는데, 이 스케치는 독특하게도 건물들을 조감도로 묘사하면서 그 건물들이 무더운 플로리다의 기후에 서늘한 공기를 유지하는 특별한 길을 어떻게 만들어 냈는지를 보여 준다(Fig. 5.3: 위-가운데). 하와이의 빅 아일랜드(Big Island) 출신인 한 학생은 이따금 흘러 넘쳐 전교생을 대피하게 만들었던 천연 폭포들과 그 옆에 다리가 있는 학교를 묘사했다(Fig. 5.3: 위-오른쪽). 그의 스케치는 '문턱'과 '길', '가장자리'를 모두 보여 준다. 뚜렷한 '경계'를 가진 '중심'이라는 요소(Fig. 5.3: 아래-왼쪽, 가운데, 오른쪽)는 많은 스케치가 보여 준 공통된 특징 중 하나다.

환경 인지(environmental cognition)는 우리가 건물과 길거리, 드넓은 야외 공간상 위치, 상대적 거리와 배치에 대한 정보를 획득하고 저장하며 체계화하고 소환하는 방법을 아우른다. 이 인지에는 우리의 뇌 내부에 장소들이 어떻게 배열되는지에 대한 인지 지도와 그림, 의미론적 이미지의 개념이 포함된다. 이것은 우리를 어린 시절의 장소로 이끄는 마법의 주문(呪文)과도 같다. "당신이 예전에 좋아하던 장소로 되돌아 가보라… 그곳 주위에 있는 길을 찾아내는 법을 떠올릴 수 있는가? 거기에 중요한 물건들이 무엇이 있었고 그것들은 어디에 놓여 있었나? 그 세팅의 크기는 어떠했고, 인근의 다른 장소들과 관련해서 그 장소는 어디에 위치해 있었나?"[12] 기억 속 일부 장소들이 요청을 받아 소환됐을 때 다시 떠오르는 스키마를 형성했다는 것은 주목할 만한 일이다.

프란시스 다우닝(Frances Downing)은 건축 전공 학생들의 설계 작업 방

---

[12] Gifford 2002, 32-54.

법들에 대한 긴 기간에 걸친 연구에서 다음과 같이 설명되는 '이미지 은행(image bank)' 개념을 정의했다.

> … 특정한 세팅과 결부된 물리적·경험적·감정적 기억. 그런 까닭에, 장소 이미지에는 행태적·개인적 의미 뿐 아니라 공간적 지식도 담겨 있을 수 있다. 이미지 은행은 기억할 만한 경험들의 컬렉션으로 정의 된다. 정신적 이미지는 기억으로 인상에 남으면서 정신 내면에 저장 되고 조작되는, 어떠한 종류의 감각적 경험에서도 형성 가능하다. 이 탐색작업에 있어 이미지 은행은 장소를 잊히지 않는 것 중 가장 기본 적인 것으로 만드는 경험의 컬렉션이라 할 수 있다.[13]

그녀는 전문분야의 교육이 이루어지는 동안, 학생들이 그들의 형상화 된 이미지를 보편적인 것에서 더 공식적인 장소로 바꾼다는 걸 발견했 다. 이 공식적인 장소는 강의나 출판물을 통해 소개된, 인식되거나 '설 계된' 장소를 말한다. 그녀는 디자이너들이 살아가는 내내 장소에 분석 적으로 반응하게끔 훈련을 받는다는 것을 관찰했다. 심지어 건축 관련 전문용어도 학생들의 학습된 평가나 판단의 필터를 통해 분석된다.[14] 그녀는 전문 디자이너들의 이미지 은행은, 장소 경험이 공식적이든 비 공식적이든 상관없이, 아이디어들을 연관시킬 때 더 유동적이라는 것 도 발견했다.[15] 이 이론은 고학년 학생 집단이 내놓은 결과를 확인해 준

---

13 Frances Downing, "Image banks: Dialogues between the past and the future." *Environment and Behavior* 24.4(1992): 443-444.

14 Ibid., 443-444.

15 Downing 1992, 444.

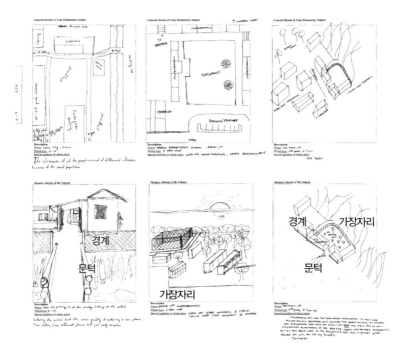

Fig. 5.4 신입생 그룹의 장소 유발기제를 갖춘 교내 기억의 장소들

다. 다우닝이 이론화한 과정을 거꾸로 되짚어 보면, 고학년 학생들은 어린 시절 기억의 장소들을 그들의 설계 프로젝트 진행시 필요할 경우 쉽게 꺼내올 수 있는 이미지 은행에 저장된 공간 개념으로부터 가공했다는 것을 알 수 있다. 이미지 은행 이론이 장소에 대한 풍부한 기억을 설명한다면, 장소에 대한 빈약한 기억은 이미지 은행에 넣고 뺀 적이 전혀 없었던 듯이 보인다.

전문 교육에 노출된 적이 없었음에도, 신입생 집단의 스케치에서도 이런 분석적인 특징 중 일부가 존재했다. 일부 학생의 가이드 맵이 보여 주듯(Fig. 5.4: 위), 학교 내 특정 기억의 장소가 보여 주는 맥락은 풍부한 기억의 경우 명확했고, 상세 기억 스케치(Fig 5.4: 아래)는 고학년 집단에서 보여 주는 장소 유발기제와 유사한 공간 개념을 보여 준다. 고학년 학생들의 시각적 편향성이 교육과 훈련의 결과라면, 그런 상황은 신입생 집단이 빈번하게 보여 준 후각과 청각, 촉각 같은 다른 감각들의 둔화에 영향을 미쳤을지도 모른다.

생리적·심리적 측면들은 장소성 구축에 중요한 요소들로 알려져 있다. 개인적으로 몸과 마음을 통해 겪는 경험은 특정한 장소(locus)를 향한 애착을 형성하는 데 있어서 사회적·물리적 요인보다 더 중요하다. 그런데 개인적 차원을 보여 주는 무어와 영의 삼각형에서의 내면의 공간이라는 필터를 통해 분석할 때, 신입생 집단과 고학년 집단 사이에는 유의미한 차이가 존재한다. 고학년 학생들이 어린 시절 장소의 시각적 특징에 집착할 때, 신입생들은 신체적 감각 및 감정과 관련된 그들 나름의 용어로 표현하는 것에서 보듯, 개인적인 내면의 공간에 더 주의를 기울였다.

신입생 집단에서 응답자 26명 중 19명이 개인적 사실들을 소개하며 그들의 장소를 서술한 반면, 고학년 집단에서는 응답자 15명 중 불과 6명만이에 해당되었다. 후각(갓 깎은 잔디 냄새, 음식 냄새), 청각(소리 지르는 아이들, 비행기 소리, 고요함), 촉각(산들바람, 신선한 공기의 움직임, 땅에 맺힌 이슬, 햇볕의 따스함)은 신입생 집단의 어린 시절 학교 관련 기억의 장소를 서술할 때 자주 등장했다. 장소를 감각적으로 경험하는 관점에서 볼 때, 서술의 깊이는 신입생 집단에서 더 생생했다. 이 결과는 아이들이 겪은 환경 경험에 더 가깝다고 할 수 있다. 아이들의 환경 경험은 무척 예민한 것으로 알려져 있는데, 감각이 발달하는 와중이기 때문에, 아이들이 물리적 환경과 맺는 관계도 마찬가지이다. 이 역시 필자가 아이들을 대상으로 한 서베이에서도 확인되었다. 감각적 경험의 관점에서 볼 때, 좋아하는 장소에 대한 아이들의 묘사는 매우 풍부했다. 고학년 학생들의 그런 감각적 기억의 소멸은 전문적 훈련을 받는 과정에서 시각적 편향성이 더 강해지는 것과 관련이 있는 듯 보인다.

　장소성 구축의 양상들 중 물리적 요인은 개인적 여건에 좌우되는 사회적·개인적 요인에 비해 더 안정적인 속성이다. 어른을 대상으로 한 학교 내 기억의 장소 관련 서베이에서 언급된 다양한 물리적 속성 중에서 양쪽 집단에서 모두 발견되는 두드러진 경향은 실외 장소가 지배적이라는 것이다. 응답자가 언급한 지리적 위치와 상관없이, 80% 이상이 실외 장소를 언급했다. 학교나 도서관, 카페테리아를 언급한 경우는 무척 드물었다. 그런데 이 장소들은 풍부한 기억을 가진 학생들의 스케치에서도 그리 많이 언급되지 않은 공간들이다. 기존의 연구 대부분이 확인해 주듯, 실외 장소는 어린 시절의 장소에서 제일 흔히 언급되는 특징으로 보인다. 환경심리학은 회복력을 유도하는 촉진기제로서 자연이 갖는 힘을 흔히 언급한다. 그 힘이 인지 측면의 주위환기와 분위기 고양이라는 상대적으로 다른 두 맥락을 갖고 있기는 하지만 말이다. 성인들의 도시에서의 어린 시절 기억을 다룬 루카쇽과 린치(Lukashok and Lynch)의 연구는 어른들이 땅 표면과 나무, 물을 자주 기억한다는 것을 발견했다. 자연 환경은 그들의 어린 시절 '땅과의 접촉'으로 회상되어 각인되는 대단히 중요한 경험으로 보인다.[16] 차울라는 아이들의 실외 공간 경험을 분석하고 나서 이렇게 제안했다.

16　Robin Moore and Donald Young, "Childhood outdoors: Toward a social ecology of the landscape," in Irwin Altman and Joachim F. Wohlwill(eds.), *Children and the Environment*(New York, NY: Plenum Press, 1978), 83-130.

어린 시절의 장소들을 기억할 만한 곳으로 만들고 싶다면 설계자는 실외와 자연으로의 접근 그리고 그 환경에서의 자유를 강화할 필요가 있다… 행복하게 기억하는 장소들은 대자연 속 느낌 및 해방감과 지속적으로 연관된다. 들판과 숲을 자유로이 떠돌다가 길거리에 (심지어 빗물 배수관에) 다다르게 되는 아이는 해방감을 느낀다… 실내 환경은 정리정돈과 깔끔함, 예의범절의 규칙에 아이들을 구속시키는 어른들의 영역이다… 자연의 특징에 대해서도 동일한 주장을 할 수 있다. 인위적 장소들과 소유물로 둘러싸여 자유가 박탈된 아이들은 자연 환경에서 자유롭게 탐험하고 원하는 대로 조작할 수 있는 것이다.[17]

어린 시절에 겪는 야외 공간의 중요성에 대한 에디스 콥의 설명은 가장 강력한 것으로, 다양한 학문 분야에서 받아들여졌다.

인간의 삶에 있어 기본 지각 활동은 미리 만들어진 게슈탈트(gestalt)에 대한 광화학적 합성이 아니며 형태의 창조적 상상이다. 아이는, 시인(詩人)이 그러하듯, 자신만의 도구여서 자연의 필요와 접촉에 의해 육감적이고 고도로 감각화된 아이의 몸은 그의 마음이 부리는 도구가 되며 자연의 힘과 창조적으로 엮이는 가운데 열정으로 가득한 희열을 가져다 준다.[18]

---

17 Chawla 1992, 76.

18 Edith Cobb, "The ecology of imagination in childhood," in Paul Shepard and David McKinley (eds.), *The Subversive Science: Essays Toward an Ecology of Man* (Boston, MA: Houghton Mifflin, 1969): 122-132.

인공적으로 만들어진 실내 공간은 아이들의 발달에 필수적인 역동적 자극을 주기엔 지나치게 정적(靜的)이다. 아이들은 자연을 탐구하고 지적 능력을 향상시키려 자연과 직관적으로 상호작용하기 때문이다. 그런데 제도권 학습이 이루어지는 장소로서의 학교는 콥이 주장하는 야생과 자연의 제공을 어렵게 만든다. 더 중요한 건, 실외에서 진행되는 학교 커리큘럼은 쉽게 접근할 수 있고 감독도 수월하도록 학교 건물과 관련된 곳에서 수행할 것을 요구받는다는 점이다. 그렇게 되면 아이들이 자연적 세팅을 개인적으로 탐구할 가능성이 줄어든다. 학교 세팅에서 어른이 아이들을 감독하는 것을 의무로 정한 사회에서는 특히 더 그러하다.

그런데 물리적이든, 사회적이든, 또는 개인적이든 간에 하나의 측면만 존재해서는 어린 시절 장소성 구축에 영향을 끼치는 것이 불가능한 것으로 보인다. 차울라의 환경 자서전 연구에 따르면, 제일 빈번하게 기억된 어린 시절의 기억은 가족과 결부된 것이었다. 실내 공간이나 집, 그리고 주변 환경에 국한된 기억일 경우에는 특히 더 그러했다. 그들의 장소 경험은 사회적 유대관계에 지배될 가능성이 크다. 자기 정체성과 사회적 평판이 점점 중요해지는 시기인 아동기 중기에, 국부적 환경의 가치는 개인적 도전이나 집단 놀이의 기회에 따라 직접 정해지는 듯 보이는데,[19] 이 시기는 학교 환경이 아이들의 삶에 개입하는 시기와 정확하게 겹친다. 사회적 측면과 개인적 측면의 층위 꼭대기에서, 학교 세팅의 기능 영역과 심상 영역은 아이들에게 특별한 장소를 만들어 내는 것이다. 그러므로 사회적·개인적 측면에서 아이들의 특별한 요구를 수용

---

19 Chawla 1992, 68.

하는 적절한 학교 환경 내 물리적 세팅은 무척 중요하다.

필자가 응답자들의 긍정적 기억의 장소가 가진 물리적 요인을 분석한 결과, 다음과 같은 일부 핵심 문구가 드러났다. '심미적 가치', '환경조절', '자연적 요인', '행동 유도성', '접근성', '안정감', '프라이버시'가 그것이다.

심미적 가치와 관련해서는, 실외에서 보는 경관이든 창문을 통해 보는 경관이든 좋은 뷰가 언급됐다. 더불어, 그 경관에 특별한 시각적 매력이 있는 경우에는 구체적인 대상도 언급됐다. 환경조절의 경우, 나무 그늘, 분수대, 차양이 언급됐다. 에어컨 시스템과 천창은 실내의 특별한 특징으로 언급됐다. 이런 환경조절 요인은 몸으로 직접 감지하는 개인적 측면과도 관련이 있다. '산들바람', '신선한 공기', '햇살', '고요함'은 어른의 기억에 각인된 개인적 내면 공간의 특징으로 간주됐다. 자연적 요인들은 '큰 나무', '나무 군락', '풀', '뛰어다니며 노는 구역' 같은 물리적 특징으로 근거를 보여 주는데 이것은 정글짐과 그네 같은 놀이기구와 관련된 '행동 유도성(affordance)' 개념을 드러낸다. 이 개념에는 기억의 교내 장소들의 물리적 측면과 관련된 안정감과 접근성 개념도 포함된다.

그런데 물리적 요인 중에서 제일 중요한 측면은 아동과 환경 문제를 연구하는 행동주의 심리학자들이 거의 언급하지 않는 프라이버시였다. 필자의 조사에 참여한 많은 응답자가 "하는 일 없이 빈둥거릴(do nothing)" 수 있는 사적 장소들을 언급했다. 그곳은, 현상학 기반 연구자들이 언급한대로, "몸을 숨기고 관망할 수 있는" 장소다. 이것들은 아이들을 항상 친구들과 함께 실외 놀이기구를 사용하는 존재로 오해하는 설계자들이 흔히 놓치는 특징들이다.

어느 개인이 특정 환경의 경험을 묘사할 때, 그 서술은 사실들이나 요소들의 집합이 아니다. 메를로 퐁티가 다음과 같이 기술하듯이, 그것은 이성적인 이해의 차원을 넘어 개인적 느낌에 의해 또렷해지고 풍성해진다. "나는 내 존재 전체로 총체적으로 지각한다. 나는 사물 특유의 구조를, 특유의 존재 방식을 파악하는 바, 그것들은 내 모든 감각을 향해 한꺼번에 말을 걸어온다."[20] 더 정확히 말하면, 그것은 "체현된 무의식적 투사와 발견, 감정이입에 의한 존재감"[21]을 통하는 것이기에 개인 고유의 상상력을 발휘한 재해석이자 재창조이다. 경험한다는 것, 기억한다는 것은 "특정 의미를 지닌 상상 속 실재를 불러 일으키는 구체화된 행위"[22]이므로 우리가 경험할 때 우리는 몸으로 되돌아가며 우리의 감각과 상상력을 해방시키는 것이다.

필자는 어른들의 학교 내 기억의 장소에 대한 데이터를 검토하며 다음과 같은 점을 발견했다.

- 개인의 학교 내 기억의 장소들은 빈약한 혹은 풍부한 기억으로 뚜렷하게 나뉜다.
- 기능 영역은 빈약한 기억에서 지배적인 반면, 심상 영역은 풍부한 기억에서 지배적이다.

---

20 Harry Francis Mallgrave, "" Know Thyself" : or What designers can learn from the contemporary biological science" in Sarah Robinson, and Juhani Pallasmaa,(eds.) *Mind in Architecture Neuroscience, Embodiment, and the Future of Design*(Cambridge, MA: The MIT Press, 2015), 23-24.

21 Juhani Pallasmaa, "Body, mind, and imagination: the mental essence of architecture," in Sarah Robinson, and Juhani Pallasmaa(eds.), *Mind in Architecture Neuroscience, Embodiment, and the Future of Design*(Cambridge, MA: The MIT Press, 2015), 59.

22 Ibid., 68.

- 고학년 그룹의 사회적 표현이 상대적으로 덜 드러나긴 했으나 사회적 요인은 신입생과 고학년 양쪽 집단에서 모두 중요하다.
- '내면의 공간'과 관련이 있는 개인적 요인은 고학년 그룹에 비해 신입생 그룹에서 더 많이 나타난다.
- 고학년 학생들은 각자의 이미지 은행을 활발하게 작동시켜 장소 유발기제로 명명할 수도 있는 공간적 개념을 표현하는 경향이 있다.
- 고학년 학생들에게 지배적인 시각적·심미적 성향은 그 장소에 대한 그들의 신체적·감각적 경험과 관련한 개인적 표현을 약화시키는 결과를 낳았다.
- 물리적 요인은 심미적 가치, 환경조절, 자연적 요인, 행동 유도성, 접근성, 안정감, 프라이버시로 구성된다.
- 어른의 어린 시절 장소에 대한 기억에서 실외 공간과 자연적 요인이 지배적인 것은 학교 내 장소에서도 확인된다.

어른들의 기억 스케치에서 그들의 표현력에 한계가 있다는 것을, 그리고 그들이 과거를 이상화하고 과장하는 경향이 있다는 것을 감안하면, 아이들의 현시점의 체험에 대한 조사를 통해 장소 애착의 관점에서 발달과정상 변화를 대조·검토하고 추적하는 것은 중요한 일이다. 두 집단의 비교를 통해, 더 강한 장소성을 제공하며 아이들에게 긍정적인 장기 기억을 각인시키는 학교 설계에 도움이 될 더 정확한 데이터와 더 풍부한 지식을 얻을 수 있다.

6장
초등학교
학생들의 체험

6.1 아이들이 교내에서 좋아하는 장소

학교 I

학교 I은 호놀룰루의 유서 깊은 커뮤니티에 위치해 있다. 그 지역은 주로 주거지역이지만, 호놀룰루 메인스트리트를 따라 소규모 매장들과 아파트 건물들이 늘어서 있기도 하다. 학교의 필드는 버스가 지나다니는 주요 거리를 바라보는 공원 같은 성격으로, 단순한 개방형 울타리로 분리되어 거리의 삶과 필드에서의 활동이 나란히 옆에 놓여 있다. 공간 분절로 보자면 그룹 중 이곳이 세 학교 중에서 제일 약하다. 단순한 1층과 2층짜리 건물들이 널따란 학교 필드를 에워싸고 있으며, 나무 그늘은 드문드문 있다. 교실로의 출입구는 회랑이나 가드레일 같은 추가적인 분절 없이 운동장으로 직접 연결되어 있다. 아름드리나무가 몇 그루

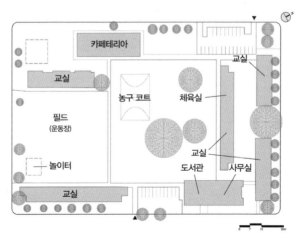

Fig. 6.1 학교 I의 배치도

Table 6.1 언급된 장소—학교 I

언급된 장소	필드	농구 코트	놀이터	도서관	체육실	카페테리아	교실
응답자	2	3	2	5	3	2	2

있지만, 필드엔 그늘이 거의 없다. 출입문에 칠해진 밝은 원색이 상대적으로 단조로운 건물 배치에 생기있는 분위기를 만들어 낸다(Fig. 6.1). 3학년과 4학년을 대상으로 진행한 스케치 세션과 인터뷰는 학생 19명이 참가했다. 학교 환경에 노출된 기간의 길이를 고려해, 참가자를 방과 후 프로그램에 등록한 아이들로 제한했다. 참가자를 학년에 따라 두 집단으로 나눴고, 스케치와 인터뷰는 이틀에 걸쳐 방과 후 프로그램 시간 중 교실에서 진행했다. 아이들이 언급한 장소는 필드, 농구 코트, 놀이터, 체육실(PE room), 카페테리아, 교실이다. 실외가 세 곳이고, 실내가 네 곳이다(Table 6.1).

필드

이 학교의 필드는 주위의 건물들이 크게 개방된 공간을 둘러싼 것외에
는 특별한 경계가 없다. 아름드리나무들과 보도가 영역을 최소한으로
나누고 있다. 그래서 학생들이 '필드'를 언급할 경우, 그것은 실외 전체
를 가리키는 것으로 해석할 수 있다. 아름드리나무 몇 그루는 널따란 그
늘을 제공하고 있다(Fig. 6.2와 6.3).

학생들이 언급한 물리적 요소들은 실제와 동일하다. 잔디, 나무, 놀이

Fig. 6.2 학교 I의 필드, 1

Fig. 6.3 학교 I의 필드, 2

Fig. 6.4 가이드 맵 사례: 학교 I, 필드

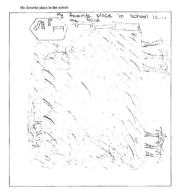

Fig. 6.5 스케치 사례: 학교 I, 필드

터, 폴대가 운동장에 있는 요소로 언급된다. 그런데 학생들은 스프링클러가 만든 진흙탕 때문에 나무 아래의 넉넉히 그늘진 구역을 좋아하지 않는다. 어떠한 경계도 없이 흙이 노출된 그 구역 주변에는 별다른 게 없고, 나무 그늘 주변에 놓인 벤치들은 진흙탕이 된 구역을 지나야만 접근할 수 있기 때문이다. 아이들이 나무 그늘에 다가가는 것을 막는 또 다른 장애물은 필드와 나무 사이에 있는 폴대들과 관련된 학교방침이다. 즉 학생들이 보도를 가로지르거나 접근하는 것은 허용되지 않는다. 폴대를 잡고 주위를 빙빙 도는 행동이 사고나 부상을 초래할 수도 있기 때문이다. 개인적인 관찰과 인터뷰, 스케치 세션에 기반하여 살펴본 바에 따르면, 이따금 휴식시간에 학생 그룹이 나무가 있는 구역을 활용한다고 하더라도, 필드 한가운데에 위치해 있음에도 그 구역은 아이들의 심리상 필드와 관련 없는 곳으로 여겨진다는 게 밝혀졌다(Fig. 6.4와 6.5). 학생들이 이 장소와 관련하여 언급한 활동은 달리기 그리고 친구들과 놀기이다.

이 구역과 관련한 학생들의 개인적 느낌은 땀과 몸을 스치는 바람, 꽃 향기, 음식 냄새, 아이들이 지르는 고함소리와 관련된 확 트이고 자유로운 느낌이었다.

모든 응답자가 빈번하게 이용하는 장소였지만, 그곳을 가치 있는 곳이라고 언급한 응답자는 절반밖에 되지 않았다. 어느 학생은 이런 반응을 보였다. "뛰어놀 수 있는 트인 공간은 많아요. 그리고 필드에는 마음대로 가서 놀 수 있는 장소가 여러 곳 있어요. 거기는 모든 애들이 좋아하는 장소예요. 휴식시간은 우리가 하루 중에 제일 좋아하는 시간이니까요. 마음껏 뛰어놀아도 되고 웃고 크게 소리를 질러도 괜찮아요. 우리는 (여기에서) 우리의 모든 에너지를 얻어요."

농구 코트

농구 코트는 운동장 바로 옆에, 카페테리아 가까운 곳에 있다. 바닥에 폴리우레탄이 깔려 있어 코트는 다른 구역과 뚜렷하게 구분된다. 이곳에서는 피구와 제일 브레이크 같은 게임을 하지만, 한 학생에 따르면 여기에서 수업을 하는 경우도 가끔 있다.

Fig. 6.6 학교 I의 농구 코트: 학교에서 거행된 행사

Fig. 6.7 학교 I의 농구 코트

이 특정 장소와 관련된 학생들의 특별한 기억은 메이데이 행사(May Day event)로, 밤과 낮의 길이가 달라지며 계절이 바뀌는 것을 기념하는 하와이의 특별 축하행사다. 그 행사는 이 학교의 주요 이벤트 중 하나로, 학부모와 지역 언론도 함께 참석한다. 학생들은 리허설을 할 때, 그리고 메이데이 이벤트의 축하공연을 할 때 이 장소를 이용했는데, 이벤트에 참여한 학생들은 맨발로 노래하고 춤을 춘다(Fig. 6.6). 이 장소는 학생들의 헌 운동화를 재활용하여 학교의 농구 코트 바닥을 만들어 주는

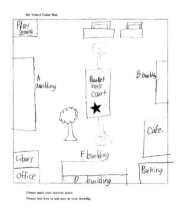

Fig. 6.8 가이드 맵 사례: 학교 I, 농구 코트

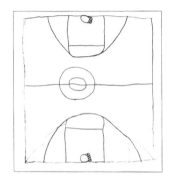

Fig. 6.9 스케치 사례: 학교 I, 농구 코트

유명 운동화 브랜드의 특별 프로그램을 통해 최근에 만들어졌다(Fig. 6.7). 이 학교 학생들은 이 프로그램을 위해 헌 운동화를 모았고, 그래서 학생들은 자신들이 이곳을 만드는 데 참여한 것으로 여겼다. 이 이야기는 이 학교의 교장선생님과 인터뷰하는 동안 밝혀진 것으로, 학생들을 대상으로 진행한 스케치 세션과 인터뷰 과정에서는 언급되지 않았다(Fig. 6.8과 6.9). 이 장소에 관련된 학생들의 표현은 고함소리, 갓 깎은 잔디 냄새, 얼

굴에 느껴지는 바람처럼 기본적으로 감각적 표현이었다. 이 장소는 사회적 측면의 기능적 영역이 지배적인 장소이다. 응답자 전원이 이곳을 자주 이용한다는 데 동의했다. 응답자 중 두 명은 이곳의 중요성을 언급했지만, 이 장소에 특별한 가치를 두지 않은 학생도 한 명 있었다.

도서관

학교 도서관은 많은 학생이 좋아하는 장소로 꼽은 곳이다(Fig. 6.10). 이곳은 책을 읽는 리딩룸일 뿐만 아니라 컴퓨터실이자 학교의 중요한 사진들을 공식적으로 전시하는 곳이기도 하다(Fig. 6.11). 이곳은 편안한 스토리텔링 코너도 제공한다. 다양한 활동을 할 수 있는 대안을 갖춘 강한 기능 영역을 갖춘 다기능 공간이다. 이곳에서 언급된 학생들의 활동은 독서와 도서 대출, 컴퓨터 이용, 스토리텔링 코너에서의 느긋한 휴식, 비디오 감상, 조사활동, 시험보기 등이었다(Fig. 6.12와 6.13). 한 응답자는 북페어를 특별한 기억으로 언급했다.

응답자 전원이 글로 묘사할 때 에어컨을 언급했고, 이 장소를 빈번하

Fig. 6.10 학교 I의 도서관, 독서구역

Fig. 6.11 학교 I 의 도서관, 학교 사진 전시구역

Fig. 6.12 학교 I 의 도서관, 스토리텔링 코너

Fig. 6.13 스케치 사례: 학교 I, 도서관

게 이용한다고 밝혔다. 학생 세 명은 이곳을 중요한 장소로 여겼지만, 한 명은 그에 동의하지 않았다. 이 장소에 대해 언급된 느낌은 에어컨의 시원함, 쾌적한 정적, 독서에의 몰입이었다.

체육실

체육실(PE room)은 두 학생이 좋아하는 장소로 꼽은 곳이다. 운동기구가 있고 바닥에 카펫이 깔린 단순한 공간으로, 수업시간에만 사용된다. 운동과 실내게임들이 관련 활동으로 언급됐고, 응답자들은 그곳에서 느낀

Fig. 6.14 학교I의 체육실

Fig. 6.15 가이드 맵 사례: 학교I, 체육실

Fig. 6.16 학교 I의 카페테리아

Fig. 6.17 학교 I의 놀이터

행복한 느낌을 글로 적었다. 기본적으로 이곳은 사회적 측면이 있는 순수한 기능 영역이다(Fig. 6.14와 6.15).

학생 한 명은 그곳에서 열린 공식 체육시험을 언급했는데, 그 학생은 시험에서 상당히 성공적이었다. 응답자 절반이 체육실을 자주 이용한다고 하였으며 체육실은 중요한 곳이라고 언급했다.

카페테리아(Fig. 6.16)와 교실, 놀이터(Fig. 6.17)도 응답자들이 상대적으로 간단한 서술을 덧붙이면서 언급한 곳이다. 이 지역에 있는 다른 공립학교들처럼, 이 학교의 카페테리아는 방과 후 프로그램을 위해 사용된다.

이 학교는 모두 합쳐 실내 공간 세 곳이 언급됐는데, 이는 다른 두 학교에 비하면 상대적으로 높은 비율이다. 언급된 장소는 모두 기능 영역이고, 학생들이 좋아하는 장소로 선택한 곳들 중에서 심상 영역은 한 곳도 없었다. 여학생 한 명은 남자아이들이 방해하는 것을 피하기 위해 친한 친구와 찾곤 했던 개인적 장소를 언급했다. 그곳은 메인스트리트 바로 옆에 있기 때문에 학교의 가장자리(edge)이다. 그 학생은 다른 학생들이 북적거리는 주요 활동 영역에서 멀리 떨어진 곳이라는 이유로 이 장소를 선택했는데, 자신들이 하는 사적 대화를 남들이 듣는 것을 피하려고 메인스트리트에서 들려오는 교통 소음을 이용하는 듯 보인다. 학교 내 개인적 공간이 드문 상황이 그 학생으로 하여금 친구들과 함께 소음이 있는 곳으로 가는 수고를 감수하도록 몰아간 것이다.

학교 II

학교 II는 세인트루이스 하이츠(St. Louis Heights)의 저지대에 위치하며, 학교 운동장으로도 사용되는 커뮤니티 파크가 옆에 자리하고 있다. 학교로 들어가는 입구는 막다른 길과 널따란 주차 공간을 지나 나타난다. 그래서 어느정도 사적인 분위기를 풍긴다. 상대적으로 조밀한 배치는 중정을 형성하는 보도를 따라 모여 있는 작은 건물들로 구성된다.

이 학교의 공간적 분절은 조사대상 학교그룹 중에서 중간 수준에 해당한다. 단순한 상자 모양의 1층~2층짜리 건물들이 커뮤니티 파크로 시야를 열어주는 아늑한 규모의 중정을 에워싸고 있는데, 커뮤니티 파크는 철조망에 의해 학교와 분리돼 있다(Fig. 6.18). 학교 경계 내부에 있는 놀이터 중 한 곳에는 아름드리나무가 그늘을 잘 드리우고 있지만, 다른

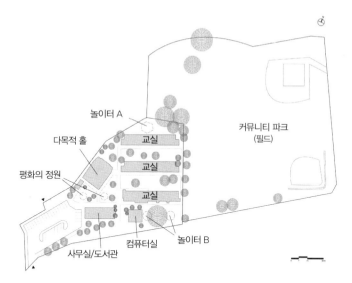

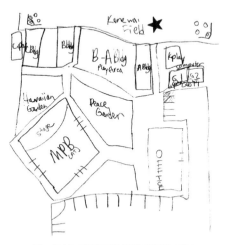

Fig. 6.18 학교II의 배치도

놀이터 A
다목적 홀
평화의 정원
사무실/도서관
컴퓨터실
놀이터 B
교실
교실
교실
커뮤니티 파크
(필드)

Fig. 6.19 가이드 맵 사례: 학교II, 필드

Table 6.2 언급된 장소―학교 II

언급된 장소	필드	놀이터 A	놀이터 B	평화의 정원	다목적 홀	교실	컴퓨터실	주방
응답자	3	4	4	2	1	3	2	1

한 곳에는 그늘이 별로 없다. 교실로의 출입구는 단순한 처마(overhang) 와 보도를 통해 놀이터로 직접 연결된다. 교내의 주요 통로는 회랑을 형 성하면서, 날씨와 상관없이, 교내의 이동 통로를 이어주는 주요한 뼈대 구실을 한다. 학교 내에는 '평화의 정원(Peace Garden)'이라는 특별한 정원 이 있는데, 이곳에는 전문가 그룹이 기부한 예술적인 디딤돌과 식물들 이 잘 다듬어져 배치되고 깔려 있다. 그래픽 월과 푸른 페인트 색은 공 업용 마감재의 단조로운 분위기를 벗어나게 해주는 유일한 요소들이다. 스케치 세션과 인터뷰에는 3학년 11명(여자아이 2명과 남자아이 9명)과 4학년 생 7명(여자아이 6명과 남자아이 1명), 5학년 2명(여자아이 1명과 남자아이 1명), 총 20 명의 학생이 참여했다. 학교 I에서 진행한 조사와 마찬가지로, 참가자는 방과 후 프로그램에 등록한 아이들로 제한됐다. 참가자는 학년에 따라 그룹으로 분류됐고, 스케치와 인터뷰는 다목적 홀에서 방과 후 시간에 이틀간 행해졌다.

아이들이 언급한 장소는 필드(커뮤니티 파크), 놀이터 A와 B, 평화의 정원, 다목적 홀, 교실, 컴퓨터실, 주방이다(Table 6.2).

필드(커뮤니티 파크)

필드는 공식적으로는 학교 소유가 아니다. 철조망과 출입문에 의해 학 교와 분리된, 동네 공원이기 때문이다(Fig. 6.19와 6.20). 필드는 사회적 측 면을 가진 기능 영역에 속한다. 응답자들이 언급한 물리적인 요소는

Fig. 6.20 학교Ⅱ의 필드

Fig. 6.21 스케치 사례: 학교Ⅱ, 필드

다음과 같았다. 탁 트인 공간, 잔디, 흙, 바위(Fig. 6.21).

언급된 주요 활동은 축구, 프리스비, 발야구 등이었다. 응답자들은 이곳을 "기본적으로 무엇이건 할 수 있는" 장소로 묘사했다. 필자가 해마다 열리는 학교기금 모금행사인 '스프링 펀 런(Spring Fun Run)'을 방문했을 때 라이브 음악과 함께 행사가 열린 곳도 이곳이었다(Fig. 6.22와 6.23). 모든 응답자가 이곳을 자주 이용하는 공간으로 여겼으나 이곳을 중요한 장소로 여긴 학생은 한 명뿐이었다. 이 장소와 결부된 개인적인 느낌은 다음과 같다. 여기저기를 가렵게 하는 잡초, 기분 좋은 산들바람, 고함치는 아이들, 다소 거슬리는 풀 깎는 기계소리.

Fig. 6.22 학교 II의 필드, 학교 행사 1

Fig. 6.23 학교 II의 필드, 학교 행사 2

놀이터 A

이 학교에는 놀이터가 두 곳 있는데, 두 곳 다 좋아하는 장소로 언급됐다. 놀이터 A는 상급생용 건물의 후면에 있고, 필드와 시각적으로 연결된다(Fig. 6.24와 6.25). 사회적 측면이 있는 기능 영역으로, 응답자들이 이 장소를 선택한 이유도 친구들과 뛰어놀 때 그 장소가 제공하는 행동 유도성와 관련이 있다. 학생들은 축구를 할 수 있게 해주는, 유연하게 활

Fig. 6.24 학교Ⅱ의 놀이터 A

Fig. 6.25 스케치 사례: 학교Ⅱ, 놀이터 A

용되는 공간을 높이 평가했다. 학생 두 명은 철조망과 벽 사이의 좁은 틈을 언급했는데, 그 틈은 아이들이 축구를 하는 중에 실수로 울타리를 넘어간 공을 가져오려면 '빠져나갈' 수 있게 해 줬다.

언급된 또 다른 제공요소는 구석에 있는 음수대로, 아이들은 그 음수대 덕에 그 구역을 벗어나도 된다는 허락 없이도 목을 축일 수 있었다. 지정된 구역을 벗어나고자 할 때 감독자의 허락을 받아야 하는 것은 교내의 다른 구역에도 적용되는 전형적인 교칙이다.

건물 뒤 외부 공간, 필드로 이어지는 (벽과 울타리 사이 틈을 의미하는) '아이들 전용' 통로, 앞에서 언급한 음수대 외에, 몽키 바와 폴대 같은 물리적 요소도 언급됐다. 축구, 정글짐에서 놀기, 스낵 먹기가 이 장소와 관련해서 언급된 활동이었다. 응답자들은 이 장소에서 편안함을 느꼈고, 새들이 지저귀는 소리와 상쾌한 공기, 산들바람, 햇살을 언급했다. 응답자 중 절반이 이 장소를 자주 이용한다고 하였고 중요한 곳으로 여긴다고 답했다.

놀이터 B

유치원 건물 앞에 있는 놀이터 B도 학생들이 좋아하는 장소로 언급됐다. 이 장소는 아름드리나무의 가지가 그늘을 드리운 곳이다. 이 중요한 사실을 언급한 응답자는 아무도 없었지만 말이다(Fig. 6.26). 많은 응답자가 이 장소를 선택한 이유는 두 개의 놀이공간이 합쳐지는 곳이기에(Fig. 6.27) 여기에서 허용된 다양한 활동 때문이었다. 학생 중 한 명만 스케치에 그 나무를 그렸고(Fig. 6.28), 다른 학생은 나무 그늘과 연관 짓지 않은 상태로 신선한 공기를 언급했다.

필자가 보기에 이 장소는 기능 영역이자 심상 영역이다. 이 장소는 친구들과 노는 것을 비롯한 사회적 측면을 가진 기능 영역이지만, 어마어마하게 커다란 나뭇가지가 이 장소를 특별한 곳으로 만들어 주기 때문이다.

두 학생이 여기에 대한 특별한 기억을 언급했는데, 그 중에는 건너가는 지점에서 떨어져 팔이 부러졌던 아이도 있었다(아이는 그 사건이 트라우마로 남지는 않았다고 하였다). 다른 놀이터와 비슷하게, 응답자 절반이 이 놀이터를 자주 이용하며 중요한 곳으로 여긴다고 언급했다.

Fig. 6.26 학교Ⅱ의 놀이터 B

Fig. 6.27 가이드 맵 사례: 학교Ⅱ, 놀이터 B

Fig. 6.28 스케치 사례: 학교Ⅱ, 놀이터 B

Fig. 6.29 학교 II의 평화의 정원

Fig. 6.30 가이드 맵 사례: 학교 II, 평화의 정원

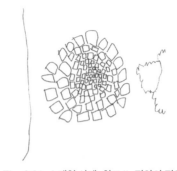

Fig. 6.31 스케치 사례: 학교 II, 평화의 정원

평화의 정원

두 명의 학생이 '평화의 정원'을 좋아하는 장소로 꼽았다(Fig. 6.29). 이 조
사를 진행한 이후의 일이기는 하지만, 이곳은 지역 전문가협회로부터
우수성을 인정받아 상을 수상했다. '평화'의 개념을 공고히 하려 만든
이 정원은 학생들이 일본과의 유대감을 느끼게 해주기 위해 헌정된 곳
이었다. 이 정원의 미화(美化)작업은 작업에 자원한 학부모와 학생들의
도움을 받아 마무리됐다. 그래서 응답자들이 그 사실을 언급하지는 않

Fig. 6.32 학교 II의 다목적 홀, 학교 행사

Fig. 6.33 학교 II의 다목적 홀

았지만 참여를 통한 주인의식이 학생들이 이곳을 좋아하는 공간으로 꼽도록 만들었을 것으로 추측된다.

학생들이 언급한 모든 곳 중에서, 이곳은 이 학교에서 순수하게 심상 영역으로 분류할 수 있는 유일한 곳이다. 응답자들이 언급한 물리적 요소는 다음과 같다. 나무, 관목, 바위, 화초, 덤불, 디딤돌, 잔디. 심미적 가치를 가진 심상 영역으로서 이 장소와 연계된 활동은 '그냥 바라보기'와 잡초 뽑기, 디딤돌에서 놀기, 뜀박질이었다. 이곳은 멍하니 있거나 '빈둥거리기'가 허용되는 드문 장소에 속한다. 이 장소와 관련한 서술은 다음과 같다. '평화로운'(Fig. 6.30과 6.31), '고요한', '꽃향기와 풀냄새', '멋져 보인다.' 이 장소는 자주 이용되지도 않았고 중요한 곳으로 간주되지도 않았다.

위에서 소개한 장소들과 더불어, 컴퓨터실과 다목적 홀, 교실이 상대적으로 간단한 서술과 함께 언급됐다. 다목적 홀은 카페테리아, 집회장(assembly hall), 방과 후 프로그램을 위한 공간으로 활용된다(Fig. 6.32와 6.33).

학교 III

학교 III은 오아후(Oahu) 니우 밸리(Niu Valley) 교외 주거지역의 나무 그늘이 드리워진 2.5에이커 규모의 부지에 있다. 예술과 환경을 특별히 강조하는 이 학교는 극도로 분절되고 자연스럽게 꾸며진 뜰이 여러 곳 있는, 가정집 같은 환경을 제공한다. 공간적 분절의 관점에서, 이 학교는 연구 대상 학교 집단 중에서 문턱과 경계 같은 장소 유발기제로 분류될 물리적 분절이 최고 수준으로 풍부한 학교다. 박공지붕의 단층 건물들은 화초가 무성한 아늑한 중정을 에워싸고 있고, 필드에는 넉넉한 그늘을 제공하는 인상적인 아름드리나무가 있다. 교실로 들어가는 입구는 깊숙한 처마와 보도를 통해 중정으로 직접 연결된다. 유치원은 중정 주변의 주요 교실동과 분리돼 있다. 마당에 있는 몇 개의 목재 파빌리온은 가정집의 뒷마당처럼 활발하게 이용된다(Fig. 6.34). 학생 총 42명이 스케치 세션에 참가했다. 3학년 24명(여자아이 16명과 남자아이 8명)과 4학년 18명(여자아이 9명과 남자아이 9명)이다. 이 학교는 개인별 인터뷰를 허용하지 않았기에 스케치 세션을 마친 후 질문문항 리스트에 대한 상세한 서술을 적은 답변을 취합했다. 각각의 학년은 선생님의 감독 아래 이틀 동안 정규 수업시간에 스케치 세션에 참가했다. 그래서 이 학교의 참가자들은 다른 두 학교처럼 방과 후 프로그램에 등록한 아이들로만 제한할 수가 없었다.

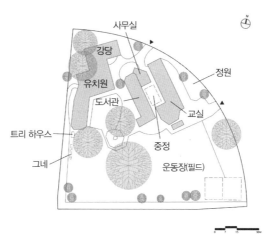

Fig. 6.34 학교 III의 배치도

Table 6.3 언급된 장소—학교 III

언급된 장소	중정	정원	그네	필드	도서관	강당	교실	트리 하우스	매점
응답자	4	7	4	6	12	5	2	1	1

아이들이 언급한 장소는 중정(courtyard), 정원(뒤뜰), 그네, 필드, 도서관, 강당(hall), 교실, 트리하우스, 매점이다. 다섯 곳은 실외 장소이고, 네 곳은 실내 공간이다(Table 6.3).

중정

교실 건물 가운데에 있는 작은 정원으로 처마 아래 개방된 통로에서 정원을 감상하면서 가운데 통로를 가로지를 수도 있다(Fig. 6.35와 6.36). 기본적으로 이곳은 이 장소 관련 활동에 대한 응답자들의 대답에서 언급된

Fig. 6.35 학교 III의 중정

Fig. 6.36 학교 III의 중정

Fig. 6.37 가이드 맵 사례: 학교 III, 중정

Fig. 6.38 스케치 사례: 학교 III, 중정

'화초에 물을 주고 연못 청소하기'와 '앉아서 바라보기' 등 '빈둥거리기'가 허용되는 심상 영역이다.

이 장소를 구성하는 물리적 요소는 다음과 같다. 작은 웅덩이, 분수, 나무, 초목, 바위. 학생들은 이 장소의 스케치에서 다른 곳들에 비해 이 장소를 더 상세히 묘사했다(Fig. 6.37과 6.38). 이 장소와 관련된 느낌은 '고요하다', '바람소리가 들린다', '산들바람을 느꼈다', '평화롭다', '꽃향기가 난다', '천연의 느낌이다' 등이다. 한 학생은 여기에서 목욕하는 새들을 본 특별한 기억을 언급했다. 이곳은 응답자 전원이 자주 이용하면서 중요하게 여기는 곳이라는 데 뜻을 모은 드문 장소에 속한다.

정원(뒤뜰)

이곳은 학생들이 언급한 가장 인기 있는 실외 공간이었다. 별관교실과 길거리에 면한 울타리 사이에 위치한 이곳은 개인 가정집의 뒤뜰처럼 보이는, 어느 정도 비공식적인 장소다(Fig. 6.39와 6.40). 기능 영역과 심상 영

Fig. 6.39 학교 III의 정원

Fig. 6.40 학교 III의 정원

Fig. 6.41 가이드 맵 사례: 학교 III, 정원

Fig. 6.42 스케치 사례: 학교 III, 정원

역이 중첩되는 장소 중 하나로 뒤뜰은 지구탐구와 관련된 특별 커리큘럼을 위해 사용됐고, 이는 이곳에서 하는 활동과 관련된 응답자들의 답변에서 드러났다. '화초 심기', '작물 기르기', '당번활동 하기'가 이 장소와 관련된 '기분 가라앉히기', '둘러보기', '걸어서 지나가기' 같은 다른 활동들보다 많이 언급됐다. 학생들의 응답은 이 장소에 대한 심미적 가치를 드러내고 그것이 그들에게 중요하다는 사실을 드러낸다(Fig. 6.41과 6.42). 학생들이 언급한 물리적 요소는 나무, 화초, 통나무, 벌(bee), 벌레,

과일, 채소이다. 이 구역과 관련된 느낌은 다음과 같다. '따스하다', '행복하다', '아늑하다', '안전하다', '평화롭다', '조용하다', '화초 심는 게 재미있다'. 일부 학생들은 특별한 기억에 대해 다음과 같이 썼다. '꽃을 모은 생일 이벤트', '화초용 씨뿌리기', '(정원) 가꾸기', '부드럽고 아름다운 판야나무.' 아이들은 교실과 직접 연결된 이 장소를 자주 이용하는 곳으로 꼽았고(7명 중 5명), 중요한 곳으로 여겼다(7명 중 5명). 장소 만들기(place-making) 참여와 빈둥거리기가 이 인기 있는 장소의 특징이다.

그네

그네는 학교 마당을 인근 주거지와 가르는 울타리 앞의 놀이터 가장자리에 있다(Fig. 6.43~6.45). 그네를 타는 아이들은 앞에 있는 아름드리나무의 경관을 즐길 수 있다. 아이들이 그 물리적 특징을 구체적으로 언급하지는 않았지만 말이다. 이 장소는 기능 영역으로서 뿐 아니라 심상 영역으로도 분류할 수 있다. 응답자 전원이 나무와 나무가 드리운 그늘이라는 물리적 요소를 언급했는데, 이것은 나무 크기와 위치상 해당 구역에 그늘을 드리우고 있는 게 명백함에도 이런 특징을 언급하지 않은 다른 학교들과 다른 점이다(Fig. 6.46). 이런 차이점은 그네가 아이들의 관심을 끄는 시야의 변화와 항상 연관된다는 사실과 관련이 있을 수 있다. 그늘과 나무 외에도, 철봉(bars), 납작한 발판과 손잡이가 언급됐다. 한 학생은 생전 처음으로 그네를 타 본 특별한 경험에 대해 쓰면서 어느 그네가 그 그네였는지를 가리켰다. 그 아이의 관점에서 그 일은 중요한 성취였던 게 분명하다. 응답자들이 언급한 공통된 느낌은 다음과 같았다. '재미있다', '산들바람', '평화롭다', '하늘을 나는 기분', '그네손잡이를 쥐는 특별한 느낌', '새소리 듣기', '바람 느끼기', '꽃향기 맡기.' 이 장소에 대한

Fig. 6.43 학교 III의 그네, 1

Fig. 6.44 학교 III의 그네, 2

Fig. 6.45 가이드 맵 사례: 학교 III, 그네

Fig. 6.46 스케치 사례: 학교 III, 그네

묘사는 사회적 활동으로 분류할 수 있는 활동들과는 거리가 있다. 응답자 전원이 이곳을 자주 이용하는 곳으로 생각했고, 중요한 장소는 아니라는 데에 뜻을 모았다. 그렇지만 학생 한 명은 긍정적인 표현을 쓰면서도 "아마도"라면서 분명한 대답을 하는 걸 피했다.

필드

이곳은 기능 영역으로만 분류할 수 있는, 학생들이 언급한 유일한 실외 장소다. 이곳과 관련해서 언급된 물리적 요소는 다음과 같았다. 놀이터, 농구 코트, 건초더미, 나무, 친구들, 철봉. 아이들은 이곳에서 놀고 휴식을 취하고 축구를 하고 수다를 떤다(Fig. 6.47~6.49). 이 장소와 연결된 느낌은 다음과 같았다. '재미있다', '자유롭다', '깔깔거리는 소리 듣기', '꽃향기 맡기', '몽키포드(monkey pod) 나무냄새 맡기', '바람 느끼기', '비', '태양', '아이들이 고함치는 소리 듣기.' 응답자 절반이 이 장소를 자주 이용하는 곳이자 중요한 곳이라고 언급했다.

Fig. 6.47 학교 III의 필드

Fig. 6.48 가이드 맵 사례: 학교 III, 필드

Fig. 6.49 스케치 사례: 학교 III, 그네

도서관

도서관은 이 학교에서 제일 인기 있는 실내 장소다. 작고 아늑하며 편안한 환경으로, 아이들에게는 일종의 다락방 같은 공간이다(Fig. 6.50과 6.51). 응답자 전원이 이 방의 에어컨을 언급했다. 이곳에 있는 천창의 존재는 그들 전부 놓쳤지만 말이다. 도서관의 전형적인 활동은 책 읽기와 그림 그리기이지만, 많은 응답자가 이 방에서 하는 주요 활동으로 '휴식'을 언급했다. 이것은 높은 창문과 천장 채광창, 박공지붕, 바닥의 러그와

Fig. 6.50 학교 III의 도서관

Fig. 6.51 가이드 맵 사례: 학교 III, 도서관

쿠션 같은 이 장소의 물리적 측면과 관계가 있는 게 분명하다. 아이들이 언급한 느낌은 '근사하다', '조용하다', '특별하다', '서늘하다' 또는 '시원하다(에어컨)', '편안하다', '속삭이는 소리 듣기' 등이다. 한 학생은 책한 권을 다 읽은 특별한 기억에 대해 썼는데, 이는 그 나이의 아이에게는 중요한 성취이다. 다수(12명 중 8명)의 아이들이 이곳을 자주 이용한다고 밝혔고, 중요한 장소라고 언급했다(12명 중 9명).

강당

이 장소를 아이들이 좋아하는 양상에는 두 가지 서로 다른 측면이 있다. 이 장소는 커튼과 무대에 의해 두 공간으로 나뉘기 때문이다. 학생 몇명은 강당 전체를 언급하는 대신 무대 뒤(back stage)를 구체적으로 지적했다. 예술과 공연을 강조하는 특별한 커리큘럼을 제공하기에 이 학교는 학생들에게 공연—특히 연극—에 참가할 기회를 제공한다. 학교의 이런 방침은 연극을 올리기 전 준비 작업을 위해 무대 뒤를 이용할 기회를 더 많이 만든다. 이 장소는 사회적 측면이 있는 기능 영역이다. 학생들이 공연에 참가하는 게 일반적이므로, 이곳은 참여와 성취의 장소다. 자신을 표현하고 나름의 세팅을 만들어 내는 것은 아이들에게 기억할 만한 순간으로 남는다(Fig. 6.52와 6.53).

가장 중요한 사실은, 무대 뒤가 요즘 학교 환경에서는 찾기 힘든 경이로운 탐험의 장소라는 것이다. 응답자들이 언급한 활동이 다음과 같이 다양한 이유가 그것이다. '연극 보기', '음악 듣기'와 '탐험하기.' 응답자전원이 에어컨이 가동되는 공간을 언급했는데, 이것은 그들이 느낀 감정에 명백히 나타난다. '시원하다', '행복하다, 공기! 공기!' '시원하기 때문에 근사한 기분이다', '좋은 에너지를 느낀다.' 응답자들은 이 장소를

Fig. 6.52 학교 III의 강당

Fig. 6.53 스케치 사례: 학교 III, 강당

구성하는 물리적 요소로 에어컨과 무대, 블리처(수납형 좌석), 피아노를 꼽았다. 그렇지만 이 조사에서 제공된 간략한 서술엔 학생들이 참여한 연극과 공연의 다양한 임시 세팅에 대한 표현은 들어 있지 않았다.

응답자들은 이 장소에 대해 자긍심이나 특별한 감정을 느낀다. 이와 같은 장소를 가진 학교가 많지 않다는 걸 잘 알기 때문이다. 응답자 전원이 이 장소를 자주 이용했지만, 이 장소의 중요성에 대해서는 확신하지 못했다. 5명 중 3명만이 이 장소를 중요하게 여겼다.

앞에서 언급한 장소들 외에, 한두 명의 학생이 교실(Fig. 6.54), 매점, 트

Fig. 6.54 학교 Ⅲ의 교실

Fig. 6.55 학교 Ⅲ의 트리하우스

리하우스(Fig. 6.55)를 상대적으로 간단한 서술과 함께 언급했다. 박공지붕에 천창이 있는 교실은 이 학교가 특별한 관심을 갖고 꾸민 곳이다. 집처럼 편안한 환경은 사적인 뒤뜰이 있는 정원으로 직접 연결되고, 자연스레 학생들은 교실에 대해 긍정적인 기분을 느끼게 된다. 한 여자아이는 "교실에 있으면 내 방에 있는 것처럼 편안한 기분이다."라고 표현했다. 한 남자아이는 바위 위에 지어진 트리하우스를 좋아하는 장소로 꼽으면서, 부상을 당했던 사건을, 부정적이지는 않은 방식으로, 언급했다. 그에게는 중요한 사건이었기 때문이다. 한 학생은 교내 매점을 언급했으나 그 매점은 조사를 진행한 직후에 철거됐다.

6.2 초등학교 아이들의 장소성에 대한 해석

학교 세팅 내 장소성과 관련해서 아이들이 작성한 스케치와 글, 인터뷰를 분석하여 찾아낸 사실은 환경에 대한 아이들의 반응이 아이들의 개인 차이, 또는 특정 문화나 민족적 배경(ethnicity)의 영향과는 무관한 특징을 드러낸다는 것이다. 문화적 다양성에 초점을 맞춘 연구자들이 아이들이 겪는 장소 경험이 문화적 변수에 달려 있다는 것을 구체적으로 보여 주었음에도, 하와이[1]에서 수행한 이 연구는 하위문화(subculture)의 편견하에 진행된 것은 아니라 할 수 있고, 이 연구에서 문화적 요인은 중요하지 않은 변수였다고 해석가능하다.[2] 이어지는 내용에서는 학교 세팅 내에서 아이들이 장소성을 구축하는 데 있어 중요한 것으로 발견된 이슈들을 다루도록 하겠다.

실외 공간의 중요성
어린 시절의 실외 공간은 아동 발달에 매우 중요하고 강렬한 자극으로 알려져 있다. 아동의 인지적·사회적·정서적 발달과 관련된 자연세계의 긍정적인 역할을 확인해주는 문헌은 상당히 많다. 실외 장소들은 아이

---

1 하와이는 미국 내에서 민족적 구성이 세일 다양한 주다.
2 자신의 3대 조상까지 민족적 배경을 알려달라고 요청하자, 연구대상이 된 학교의 어느 수업에서는 학생 25명 중 2명만이 '순수한' 민족적 배경을 갖고 있었다.

들의 실제 경험에 중요할 뿐 아니라, 아동기 장기 기억에도 중요하다. 이 연구에 참가한 아이들이 그린 좋아하는 장소의 스케치에서 실외 공간이 상당히 많이 발견된 것은 놀라운 일이 아니다. 학생 중 절반 가까이가 좋아하는 장소로 실외 장소를 꼽았다. 응답자들이 언급한 실외 장소는 빈약한 분절을 가진 학교에 비해 풍부한 공간적 분절을 가진 학교에 더 많았다. 학교 III의 경우에 언급된 장소 9곳 중 5곳(한 곳은 서베이 직후에 철거됐다)이 실외였고, 학생 중 52%(42명 중 22명)가 실외 장소를 선호했다. 이것은 언급된 7곳 중 3곳만 실외였고 37%만이 실외 장소를 선호했던 학교 I과는 뚜렷하게 대조되는 결과다. 학교 II의 경우, 해당 숫자는 65%였다.

에디스 콥은 어린 시절의 실외 공간에 대한 편향성을 다음과 같이 설명한다.

> "어린 시절의 경험은 결코 형식적이거나 추상적이지 않다. 어린 시절에 경험하는 자연세계도 단순히 '풍경(scene)'이 아니며, '경관 (landscape)'도 아니다. 아이 입장에서 자연은 순수한 감각적 경험이다… 아이들에게 환경은 환경 자극을 통해 신체에 다시 제공되는 정보로 구성된다. 자연과학에서 살아있는 유기체들과 주변 환경 사이의 적응을 위한 주고받기, 즉 상호관계는 개별 유기체의 생태계를 의미한다. 이런 의미에서, 삶(life)은 환경과 서로 주고받는 기능적인 상호작용 또는 교류의 문제다."[3]

---

3 Edith Cobb, *The Ecology of Imagination in Childhood*(New York, NY: Columbia University Press, 1977), 28-29.

이는 아이들의 실외 공간에 대한 애착이 어른들이 진가를 인정하는 심미적 가치를 위해서가 아니라, 환경과의 상호작용을 통해 달성하는 발달과정상의 요구를 충족시키기 위한 것이라는 것을 시사한다.

8세~12세 아이가 그린 지도와 스케치를 통해 어린 시절의 장소를 연구한 로빈 무어(Robin Moore)와 도널드 영(Donald Young)은 어린 시절의 장소 관련 행동패턴이 실외 지향적이라는 사실을 보여 준다. 자연에 가장 왕성하게 관여하는 것으로 알려진 시기인 초-중기 아동기 동안 도시의 외부 공간, 교외, 시골 환경에 주목한 그들의 결론은 아이들의 세계가 가정과 학교, 놀이터로 국한된다는 정형화된 관념을 반박했다. 어린 시절 자연의 강력한 존재감을 입증하면서 명백하게, 자연이 다른 장소들보다 높은 위상을 차지한 것이다.[4]

낸시 웰즈(Nancy Wells)는 열악한 도시 환경에 거주하는 아이들의 웰빙에 인근의 자연환경이 중요하다는 사실을 입증하며 어린 아이의 인지기능에 '녹음'이 끼치는 효과에 대한 연구에서 가정환경의 자연적 성격(naturalness) 또는 회복력(restorativeness)과 인지기능 사이에 존재하는 강한 연관관계를 발견하였다. 이것은 그랜(Grahn)이 내린 결론과 일관된 것으로, 그랜은 상대적으로 더 '자연 그대로(natural)'인 탁아소를 다니는 아이들의 주의력이 훨씬 더 강하다고 보고했다. 이 결과 또한 창을 통해 직간접적으로 자연환경에 노출된 성인들의 심리적·인지적·신체적 이득에 대한 연구와 일관성이 있다.[5]

---

4 Robin Moore and Donald Young, "Childhood outdoors: Toward a social ecology of the landscape," in Irwin Altman and Joachim F. Wohlwill(eds.), *Children and the Environment*(New York, NY: Plenum Press, 1978), 106-107.

5 Nancy M. Wells, "At home with nature: Effects of "greenness" on children's cognitive functioning," *Environment and Behavior* 32.6(2000), 775-795.

오늘날 아이들의 생활은 일정이 짜여있는 활동들로 가득하여, 아이들에게 친구들과 야외를 탐험할 기회는 거의 없다. 실외 공간을 바라보는 학부모의 태도는 교통사고와 아동 관련 범죄에 대한 우려로 과거에 비해 더욱 더 엄격해지고 있다. 실내 공간, 비디오 게임, 인터넷, 휴대전화는 정신건강 문제를 일으키며 아이들의 일상생활에서 갈수록 중요해지고 있다. 녹음(green)이 주의력결핍 과잉행동 장애(ADHD)를 가진 아이들의 전반적인 증상을 줄이는 데 도움을 준다는 걸 발견한 연구6는 녹색공간이 건강한 아동 발달에 있어 차지하는 또 다른 측면을 드러낸다. 녹음이 아동의 특별한 공간으로서만이 아니라 아이들의 학습과 건강, 전반적인 학교 환경에 긍정적인 영향을 끼치는 중요한 요소라는 게 입증된다면, 더 많은 '녹음'이 장려되어야 한다.

성인의 기억에 반영된 아동기 환경 관련 세바(Sebba)의 연구는, 어른들에게 가장 중요한 어린 시절의 장소들이 실외에 존재한다는 것을 입증했다.7 투안은 어린 시절의 세계에서 실외 공간에 대한 선호가 지배적인 이러한 현상을 다음과 같이 설명한다. "어린 아이들은 움직이지 않는 물체를 감각과 지각의 대상으로 보지 않는다… 어떤 풍경이나 대상에 골똘히 집중하여 그것이 풍기는 분위기나 활력을 포착하는 능력은 후천적으로 길러내야 하는 것이다. 그 능력은 교육을 받은 어른들의 특징이다."8

---

6 Andrea Faber Taylor and Frances E. Kuo, "Is contact with nature important for healthy child development? State of the evidence," in Christopher Spencer and Mark Blades(eds.), *Children and Their Environments: Learning, Using and Designing Spaces*(Cambridge: Cambridge University Press, 2006), 129.

7 Rachel Sebba, "The landscapes of childhood: The reflection of childhood's environment in adult memories and in children's attitudes." *Environment and Behavior* 23.4(1991): 395~422.

현대 도시와 교외의 작고 '깔끔하게 손질된' 공간에서 보편적으로 볼 수 있는,[9] 어른들이 만든 '할 것(do)'과 '하지 말 것(don't)'의 표지판 없이, 아이들은 무궁무진한 세팅에서 자기들 나름의 세계를 탐험할 수 있다. 학교 세팅에 들어 온 자연은 아이들의 끝없는 호기심과 발달상 요구를 충족시키는 것으로 보인다. 앞서 언급한 세바의 연구가 수행된 곳이 온화한 계절에도 실외 활동이 상대적으로 제한된 구역들이었다는 것을 고려할 때, 특유의 섬 기후 덕에 연중 내내 실외 공간을 활용할 수 있는 하와이의 학교 세팅을 다룬 이 연구는 실외 공간이 아이들이 선호하는 장소이자 중요하게 여기는 장소로서 높은 순위에 오르는 이유를 이해할 수 있게 해준다. 하와이 학교 건물 유형은 옥외공간의 가치를 살리며 연결하는 개방형 회랑을 가지고 있는데 이는 초등학생들의 발달상 이점을 많이 가진 것으로 밝혀졌다. 자연이 제공하는 무궁무진한 기회를 통해 초등학생은 자연을 탐험하고 관계 맺으며 발달과 관련된 중요한 자극들을 얻는 듯 보인다.

다양한 대안을 갖춘 기능 영역

기능 영역의 지배적 경향은 학생들의 스케치와 인터뷰를 통해 세 학교 전체에서 모두 확인됐다. 아이들은 기능을 작동시키기 위해 대상의 필요성을 관찰할 때 그 물체를 의식하게 되므로,[10] 기능 영역에 속한 장소들이 많이 언급되는 현상은 논리상 적절하다. 응답자들의 서술에 특정

---

8 Yi-Fu Tuan, "Children and the natural environment," in Irwin Altman and Joachim F. Wohlwill(eds.), *Children and the Environment*(New York, NY: Plenum Press, 1978), 16.

9 Tuan 1978, 29.

10 Tuan 1978, 16.

장소 관련 요소와 느낌이 거의 없을 때조차도, 응답자들은 그 장소가 행동 유도성(affordance)을 가졌다는 이유만으로 그곳을 의미 있는 곳으로 선택했다.

"개인에게 있어 환경 특징의 기능적 중요성"을 가리키는 깁슨의 행동 유도성 개념과, "환경 특징의 기능상 행동 유도성"에서 경험을 최우선으로 치며 깁슨의 이론을 공고히 한 헤프트(Heft)[11]는 아이들이 기능 영역에서, 특히 다양한 선택지를 가진 기능 영역에서 장소들을 찾는 이유를 알려준다. 깁슨은 아이들은 환경과 그에 속한 요소들을 "외형적 세팅만이 아니라 다양한 기회를 제공하는 장소로서" 경험한다고 설명했다. 헤프트(Heft)와 월월(Wohlwill) 또한 환경이 행동 유도성의 관점에서 각인됐을 때, 아이들의 맥락과 기능에 대한 지식은 외형에 대한 지식보다 우선할 것이라고 주장했다.[12] 이것은 근본적으로 장소를 아이들이 의도한 행동의 기회들이 충족되는, 행동 영역으로 보는 개념이다.

활동을 위한 다양한 선택이 가능한가 여부는 아이들 대상 조사에서 선호하는 장소를 고를 때 우선적으로 고려하는 점이었다. 이런 상황은 좋아하는 장소로 기능 영역을 꼽은 학생들과 가진 인터뷰에 드러난다. 학교 II의 필드를 그린 학생들은 운동장을 다음과 같이 묘사했다. "거기에서 발야구와 축구 같은 많은 놀이를 할 수 있으니까요."

다른 학생은 이렇게 말했다.

---

11 Stuart C. Aitken, *Putting Children in Their Place*(Washington, DC: Association of American Geographers, 1994), 67.

12 M.H. Matthews, *Making Sense of Place: Children's Understanding of Large-scale Environment*(Savage, MD: Barns & Noble Books, 1992), 200-201.

"내가 좋아하는 장소는 필드예요. 기본적으로 거기에서는 무엇이건 할 수 있으니까요. 거기에는 공간이 많아요. 프리스비랑 발야구랑 갖가지 게임을 할 수 있어요. 필드는 기본적으로 넓게 개방된 공간이에요. 즐기려고 그곳을 찾는 사람이나 방문객에게 대부분 개방해요. 때로는 늦은 시간에도 사람들이 와요… 해질 무렵에도요. 야구팀도 몇 팀 찾아와 거기에서 연습을 해요."

도서관을 좋아하는 장소로 꼽은 학교 I의 다른 학생은 이렇게 대답했다.

"[여기에 있는] 컴퓨터나 책 등 많은 것이 모두 좋아요… 뒹구는 구역에 가는 것도 좋구요. 사서 선생님은 [우리가 읽으려는 책을] 결정하게 해 주고는 그 책들을 읽어줘요. 선생님이 우리한테 핫 초콜릿을 줄 때도 가끔씩 있어요. 동영상을 보여 주고요. 우리는 뒤편에 있는 구역에 가기도 해요. 컴퓨터가 있는 거기가 내 자리예요."

무어와 영이 "다양한 활동이 동시에, 또는 순차적으로 가능한" 장소의 수용력(capacity)을 설명하기 위해 명명한 '다목적성' 개념은 이 결과와 맥을 함께 한다. 필연적으로 중요한 장소들은 다양한 행동 세팅의 교차점에서 형성되는데, 이러한 지점은 이용자들의 역량(competency)이 해당 장소의 요소 및 속성에 내재된 잠재력과 만나는 곳이다. 그 장소들은 강렬한 자극을 제공하며 자연적·문화적 힘으로 중첩된 스키마와 상호의존적 행동을 만드는데, 그곳에서 아이들의 몸과 마음은 환경과 유동적으로 접촉할 수 있게 된다.[13]

하지만 어떤 장소에 대한 아이들의 애착이 단지 행동지향적인 것만은 아니다. 아이들 입장에서 하나의 장소는 대개 기능 영역과 심상 영역이 중첩된 영역이고, 심리적·사회적 요인도 고려할 필요가 있다. 맥락상 변수를 규명하고 해당 세팅을 의미 있게 자주 사용하는 것과 심리적 요인 간의 관계를 규정하는 것이 단순하지 않은 이유가 여기에 있다.[14] 아이들에게 좋아하는 장소를 이용하는 빈도에 대해 물어보았을 때 기능 영역으로 해당 장소를 정의하기에는 일관성이 보이지 않았다. 이 결과는 기능이 아이들이 특정 장소에 대한 애착을 결정하는 유일한 요인이 아니라는 걸 의미한다. 하지만, 라포포트(Rapoport)가 "개념적 가치는 사용가치 없이는 좀처럼 존재할 수 없다"고 주장한 것처럼, 행동 유도성은 학교 환경에서 아이들에게 중요한 요인이라는 사실이 밝혀졌고, 아이들을 대상으로 한 이 조사에서도 지배적인 요인으로 나타났다.

심미적 가치를 가진 심상 영역(빈둥거리는 장소)

세 학교 모두 언급된 장소들 중 기능 영역이 지배적이기는 하지만, 심상 영역의 존재에도 주의를 기울일 필요가 있다. 특히 공들여 꾸민 장소들을 아이들이 언급한 학교에선 더욱 그러하다. 그곳은 아이들이 하는 활동과는 관련이 없을지도 모르나 응답자들이 여전히 좋아하는 곳이라고 언급한 심미적 장소들이다.

학교 Ⅱ의 '평화의 정원'과 학교 Ⅲ의 중정과 정원(뒤뜰), 그네, 필드는 그런 심상 영역을 지닌 곳으로 분류할 수 있다. 아이들은 그곳에서의 활동

---

13 Moore and Young 1978, 121-122.

14 Byungho Min and Jongmin Lee, "Children's neighborhood place as a psychological and behavioral domain." *Journal of Environmental Psychology* 26.1(2006): 51-71.

을 다음과 같이 묘사했다. '흥분 가라앉히기', '둘러보기', '가로질러 걷기', '관찰하기', '잡초 뽑기', '디딤돌에서 놀기.' 이곳은 '빈둥거리기'가 가능한 드문 장소 중 하나이다. 이 구역들과 관련된 느낌들도 아이들이 언급한 다른 장소들에서는 쉽게 발견되지 않는 독특한 특징을 갖는다. 이 장소들과 관련해서 묘사된 느낌은 '근사하고 평화롭다', '나를 진정시켜 준다', '꽃향기와 풀냄새가 난다', '고요하게 느껴진다', '바람소리를 듣는다', '산들바람을 느낀다', '따스하다', '행복하다', '아늑하다', '안전하다', '조용하다' 등이다.

이런 활동의 멈춤은, 즉 리틀(Little)의 용어에 따르자면, '달콤한 빈둥거림(sweet nothings)'은 아이의 삶에 중요한 부분이 될 발달상 주요 측면[15]을 예견하게 하는, 아이들과 환경 간의 상호작용이다. 우드(Wood)가 다음과 같이 묘사하듯, 이 시간은 아이들에게 따분해 하는 시간이거나 비활동의 시간이 아니라, "탐색하는 변화의 시간이, 공감의 시간"이 내재된 시간이다.

> "빈둥거리는 것은 채우는 것이다. 빈둥거리는 것은 할 일을 끄집어 내어 펼치는 것이고, 명명되지 않은 일들을 밝혀내는 것이다… 빈둥거리기는 거의 모든 것이다. 하나의 용어로서, 빈둥거리기는 그것이 밝혀내는 것을 은폐한다. 그것은 아우르는 행위이자 회피하는 행위이고, 가림막이자 동시에 거울이다. 만화경처럼, 그것은 모든 것이자 아무것도 아니다. 무엇보다도, 그것은 무엇인가를 하는 행위(doing)이다."[16]

---

15 Aitken 1994, 85.

16 Recited from Aitken 1994, 85.

아이들이 정서적 편안함과 회복을 위해 좋아하는 장소들을 경험하는 것은 심상 영역과 관련이 있다. 코펠라(Korpela)와 동료들은 아이들의 회복과 감정 통제를 위한 장소이용 관련 연구에서, 나이가 어린 아이들은 친구들과 함께 그런 장소를 찾는 반면, 더 큰 아이들은 긍정적인 감정을 위해 좋아하는 장소를 찾는다는 것을 발견했다. 도시 세팅에서는 어른들이 내린 규제 때문에 자기 통제에 적합한 장소를 찾아낼 가능성이 줄어드는 경향이 있을지언정 그들은 하고자 하는 일에 방해를 받거나 실망하거나 울적하거나 외로울 때, 연령과 성별과 무관하게, 좋아하는 장소를 찾는다고 보고했다. 이것은 안정감과 프라이버시, 통제력을 갖게 해 주던 장소를 어린 시절에 좋아했던 장소로 기억하는 어른들의 기억에 대한 연구와도 일관성을 보였다. 그런 요소들은 혼자만의 장소(solitary place)와 사회적 장소(social place) 양쪽에 다 중요한 것으로 밝혀졌다.[17]

거의 모든 성인이 어린 시절 혼자만의 비밀스러운 기억의 장소를 갖고 있고, 과거 그곳에서의 풍부한 느낌을 상상할 수 있다. 이 연구에 참여한 아이들을 대상으로 수행한 조사에서 언급된 그런 장소들은 실제로는 비밀의 장소가 아니지만, 그곳들과 결부된 가치와 분위기는 유사하다. 필자가 자기만의 비밀의 장소에 대해, 또는 가까운 친구와 공유하는 비밀의 장소에 대해 물었을 때, 의외의 장소들이 일부 언급됐다. 학교 II의 다목적 홀 뒤에서, 아이들은 가까운 친구들 사이에서만 공유할 수 있는 틈새 자리를 언급했다. 아이들 입장에서 그곳은 '남들 눈에 띄지는 않으면서 조망하는' 관점에서 완벽한 은신처 또는 망루(望樓)였다.

---

17 Kalevi Korpela, Marketta Kytta, and Terry Hartig, "Restorative experience, self-regulation, and children's place preferences." *Journal of Environmental Psychology* 22.1 (2002): 387-398.

그런 종류의 장소가 없을 때, 학교 I의 한 학생은 학교의 시끄러운 모퉁이를 가까운 친구와 사적인 대화를 위한 비밀의 장소로 활용했다. 바로 옆 거리에서 나는 소음은 그녀의 목소리를 덮어주면서 원치 않는 다른 아이들의 방해를 피할 수 있게 해 주었다. 이 결과는 우리로 하여금 아이들에게 프라이버시가 갖는 의미에 대해 생각하게 만든다. 어른이 아이들을 감독하는 것이 의무가 된 사회에서, 초등학생들은 그들만의 장소를 찾아내는 데 어려움을 겪고 있다. 학교는 시각적인 노출 여부와는 무관하게 아이들 나름의 장소를 찾기에 이상적인 장소일지도 모른다. 다음 문장에 묘사된 것처럼 아이들이 프라이버시를 누릴 수 있도록 말이다.

"비밀의 장소는 개입 없이 뒤로 물러나게 해 주는 곳이다. 그러므로 그곳은 휴식의 장소다… 아이들은 비밀의 장소에서 혼자가 될 수 있다… 비밀의 장소에서 다른 사람들과의 교류는 일시적으로 멈추지만, 어떤 의미에서 이것은 이 공간에 다른 사람들이 존재하지 않는다는 것을 뜻하지는 않는다… 그들은 여전히 내부에 존재하고 있다. 그 아이의 관심이 무엇인가에 의해 촉발됐을 때… 그들은 여전히 보이거나 관찰되고 있기 때문이다… 그 순간, "다른 사람들"은 다시금 그 자리에 존재하면서 관심의 대상이 되고, 비밀의 장소는 평범한 세계의 일부가, 단순한 은신처나 망루가 된다."**18**

---

18 Martinus Jan Langeveld, "The stillness of the secret place," *Phenomenology + Pedagogy* 1.1(1983): 14.

비밀의 공간에서 아이의 내면에 무엇인가 긍정적인 것이 자라날 때,[19] 아이들의 환경에서 그 심상 영역의 가치를 무시해서는 안 될 일이다.

장소 만들기 참여의 가치

세 학교 모두 참여의 관점에서 응답자들의 장소 애착에 영향을 준 특별한 곳(loci)을 가지고 있었다. 학교 I의 농구 코트, 학교 II의 '평화의 정원', 학교 III의 정원(뒤뜰)은 모두 아이들이 장소 만들기에 참여했다는 가치를 가진 곳들이다. 여기에서 '참여'는 장소 만들기에 개입했다는 것 뿐 아니라, 아이들이 그 장소에 애착을 가지게 한, 특정 장소에서 열린 특별한 이벤트에의 참여 또한 가리킨다. 학교 III의 강당이나 학교 I의 농구 코트에서 열린 메이데이 이벤트의 예처럼, 무대 위의 연극이나 특별한 세팅에서 공연에 참여하는 것은 아이에게 장소성을 강화시키는 특별한 기억이 될 수 있다.

아이들을 위해 어떤 장소를 기획하고 설계하고 구축할 때, 그 장소는 대개 성인 전문가의 가치와 판단만이 반영된다. 그리고 어른들의 판단은 대부분 결과 지향적이다. 아이들의 니즈를 더 세심한 방식으로 통합하면서 기획 및 구축 과정에 아이들의 참여를 허용하면 초등학생들— 그 장소의 진정한 이용자—에게 강한 장소성을 형성할 수 있다. 특히 오늘날, "아이들이 주위 환경에 대한 통제력을 행사할 기회를 좀처럼 얻지 못하는 상황은 환경을 존중하는 태도를 함양하는 것에 저해가 된다."[20]

학교 환경 내 장소 조성에의 참여는 현실세계의 경험을 통해 환경 학

---

19 Langeveld 1983, 15.

20 Matthews 1992, 230.

습의 이득도 제공할 수 있다. 맨땅을 접하기 어려운 고층 아파트의 문제, 그리고 '말끔히 포장된' 지면이 아이들의 개입을 허용하지 않는 교외 지역의 문제는 발달 측면에서 아이들이 실제 환경이나 자연환경과 직접 상호작용을 통해 그들의 니즈를 충족시켜 줄 장소를 갈구하게 한다. 도시 계획에 아이들을 참여시키려 한 어느 파일럿 프로젝트에서, "아이디어와 계획을 내놓을 수 있도록 자율성과 재량과 자신감이 부여되자, 아이들은 규모와 디테일 면에서 어른들과는 다른 세계관을 제공했다. 아이들의 관심은 바로 근처 커뮤니티, 그리고 일상적 장소에 대한 그들의 느낌과 직감을 반영했다."고 보고되었다.[21] 이런 종류의 참여는 아이들의 니즈에 더 적합한 장소의 조성을 도울 뿐 아니라, 자연스러운 주인의식을 통해 자신들이 만들어 낸 장소에 아이들이 애착을 가지게끔 해준다.

아이들의 동네 놀이 구역들이 나름의 안전기준을 가진 어른들에 의해 정교하게 계획되고 설계된, 울타리 친 기성품 놀이터를 중심으로 인식되지 않는다는 사실을 여러 연구자가 보고한 바 있다. 아이들의 놀이구역이 길거리나 보도 같은 사이 영역(in-between)에 위치해 있다는 사실은 아이들을 위한 장소 조성에 성공하려면 아이들을 장소 만들기의 파트너로 삼아야만 하는 이유가 된다.

성취의 장소들

학교는 아이들의 정체성을 만드는 학습과 사회화에 있어 으뜸가는 장소이다. 신체적·정신적 발달의 와중에, 아이들의 하루하루는 또래 사이

---

21 Matthews 1992, 231.

자부심과 자신감에 영향을 줄 사회적 역학과 관련된 다양한 도전과 성취로 채워신다. 아이들은 의미 있는 성과를 달성한 장소에 뚜렷한 애착을 보여 주었다. 그 성과는 때로는 친구들과 함께 했던 게임이나 스포츠이고, 가끔은 친구들에게 자랑할 수 있는 개인적인 시도이다. 학교 II의 한 여자아이는 계단실에 있는 자신의 비밀의 장소를 보여 주었는데 그곳은 난간을 타고 미끄러져 내려오는 곳으로 재미 뿐 아니라 다른 아이들에게 과시하려는 목적도 있었다. 그 나이의 여자아이가 쉽게 할 수 있는 행동이 아니었기 때문이다. 같은 학교의 한 남자아이는 필드의 나무 아래 좋아하는 비밀의 장소를 보여 주었는데 그곳에서 그 아이는 펄쩍 뛰어올라 한쪽 팔로만 나뭇가지를 붙잡을 수 있는 특정한 지점을 찾아냈다. 이것은 그 아이가 친구들에게 보여 주고 싶은 도전적 행동의 일종이며, 목표 달성을 위해 꾸준히 연습할 수 있던 유일한 곳이었다. 이러한 가치는 학교 I의 한 남자아이와 가진 후속 인터뷰에서도 나타났다. 농구 코트와 관련된 특별한 경험이나 기억에 대해 묻자 아이는 이렇게 대답했다. "닷지볼을 할 때, 제일 잘하는 애들 중 한 명이 던진 공을 내가 잡았어요… 나는 닷지볼은 거의 하지 않거든요."

필드를 좋아하는 장소로 꼽은 아이와의 인터뷰에서 표현된 것처럼 때때로 아이들은 다친 기억이 있는 장소를 좋아했다. "내가 필드를 좋아하는 건 다치는 걸 즐기기 때문이에요. 나는 다치는 게 너무 좋아요!" 이건 친구들 앞에서 하는 게임이나 시도를 통해 영웅으로 비치고 싶어 하는 남자아이들에게는 자주 있는 일이다. 여자아이들의 성취의 장소에 대한 묘사는 "거기 있는 몽키바를 끝까지 갈 수 있었어요."나 "내가 생전 처음으로 앉아본 그네가… 거기에 있어요." 같은 약간 개인적인 것이었다. 사회화가 이루어지는 기능 영역에서의 행동과 관련된 도전과 성취, 혹은 학습 장소에서의 성공적인 수행은 특이점이 하나도 없는 이 장소들을 다른 장소들보다 선호하는 까닭을 설명해 줄 수 있다. 따라서 성취는 학교 세팅 내 아이들의 장소성 구축 요인들 중 하나라고 설명할 수 있다.

필드와 놀이터가 사회적 관점에서 성취 측면의 좋은 예인 반면, 도서관과 교실은 학습에서 거둔 개인적인 성취의 장소로서 전형적인 사례이다. 많은 학생이 학습의 장소라는 이유에서 이 장소들을 중요하게 여긴다. 학습과 관련된 활동은 아이들에게 특정한 곳(loci)에 대한 의미 있는 애착을 부여하는 경향이 있다. 예를 들어, 도서관을 좋아하는 장소로 꼽은 한 여학생은 자신의 특별한 기억을 다음과 같이 표현했다. "내가 좋아하는 책을 이곳에서 끝까지 다 읽었어요.", 또는 "도서관은 우리가 책을 읽도록 도와줘요.", "우리가 배우도록 도와줘요.", "나는 체육 시험에서 성공적이었어요." 학생들이 애착을 갖게 되는 경향은 학교가 심리적 상태에 영향을 주는, 시험과 평가가 일상인 기관이라는 사실과 무관하지 않은 것으로 보인다. 그들이 유일무이한 고유의 인격체로서 정체성을 가져야 할 압력을 받고 있기 때문이다.

장소의 열 쾌적성

열 쾌적성(thermal comfort)은 아이들의 좋아하는 장소 선택에서 발견된 특별한 양태이다. 많은 응답자가 직간접적으로 독특한 섬 기후에서 '서늘'하거나 '시원'한 것을 가리키는 열 쾌적성 관점에서 좋아하는 장소의 질을 평가했다. 에어컨이 작동되는 실내 공간이건 적절하게 그늘이 진 실외 공간이건, 아이들은 장소를 묘사할 때 열 쾌적성이라는 장소의 질에 대한 언급을 결코 놓치지 않았다. 예를 들어, 에어컨이 작동되는 학교 III의 강당은 다음과 같은 묘사로 언급되었다. "시원해서 기분이 좋아요."

와 "공기! 공기!", 그리고 "좋은 에너지를 느껴요."가 그것이다. 학교 I의 도서관 공간에 대한 유사한 서술은 다음과 같다. "편안해요, 시원하니까요." 학교 II의 한 여자아이는 "방이 천국처럼 시원해요."라고 언급했다. 심지어는 특정 방의 에어컨 작동 여부를 그 방의 가치와 관련 짓는 응답자도 많았다. 다른 방들과 비교하여 좋아하는 장소로 언급된 방들은 에어컨이 구비될 때에 한해 전반적인 가치에서 상대적으로 높게 평가되었다.

에어컨 가동이 실내 공간의 열 쾌적성을 판단하는 잣대라면, 산들바람에 대한 아이들의 민감성은 실외 장소에서의 열 쾌적성과 관련한 또 다른 측면일 수 있다. 상당수의 실외 공간의 질은 '시원하다', '산들바람', '바람' 같은 생리적 상태와 관련된 용어들로 서술된다. 미기후는 어떤 장소를 좋아하는 장소로 언급되게 만드는 유일한 요인은 아니지만, 적어도 하와이에서는 상당히 중요한 요인인 것으로 보인다. 필자가 목격한 바 휴식시간 중 한 학교의 마당에 있는 의자들은 그늘이 지지 않으면 앉는 사람이 없었던 반면, 많은 아이들이 캐노피 아래 그늘이 진 지저분한 통로에 앉는다는 사실로 짐작이 가능하다. 나무의 거대한 크라운(crown)의 존재가 가이드 맵에 표시되지 못할 때조차, 아이들은 장소의 질에 대해 나무가 만드는 시원한 그늘과 관련하여 묘사했다. 특정 장소를 꼽은 이유를 묻자, 한 학생은 "상쾌해서요."라고 대답하면서도 그가 그린 스케치의 놀이구역 한가운데에 있는 커다란 나무에 대한 언급은 하지 않았다. 그 장소에 있는 물리적 요소들을 열거해 달라고 요청했을 때에도 그 아이는 나무의 존재를 언급하지 않았다.

기온과 바람, 햇볕의 상태는 실외 공간의 이용과 관련된 차이를 설명한다고 알려져 있다. 공공장소에 사람들이 머무는지 여부는 미기후의 영향을 상당히 많이 받는다. 그렇지만 설계자들은, 이용자의 감각적 요인들의 중요성에도 불구하고, 사회적 환경 및 가구 배치와 더불어 심미적인 측면에 더 많은 관심을 기울이는 경향이 있다.[22] 미기후 관련 옥외 공간의 행동에 대한 연구에서, 자카리아스(Zacharias)와 동료들은 사람들이 선호하는 환경 조건이 제한적으로만 제공될 때 기온과 습도, 햇볕은 행동 변수를 설명한다고 보고했다. 그들은 실외에선 선호하는 열 쾌적성이 만족되는 한,[23] 정상적 여건에서라면 스트레스일 수도 있는 더 심한 수준의 혼잡과 심지어는 흡연자의 존재조차도 수용하는 경향이 있다는 것을 보여 주며 장소에 대한 선호에서 열 쾌적성이 차지하는 중요성을 확인해 주었다.

미기후에 대한 아이들의 의식(awareness)에는 어른들의 그것과는 다른 측면이 있다. 환경에 대한 이용자의 반응을 보여 주기 위한 기포드 (Gifford)의 환경 무감각(environmental numbness)과 환경 의식(environmental awareness) 개념은 한 장소의 환경 여건에 대한 적응의 관점에서 개인 차를 설명해준다. 아이들이 하나의 장소에 대해 가지는 애착과 그 장소의 열 쾌적성 사이의 관계를 분석할 때 고려해야 하는 아이들의 감각 수용 정도에는 개인적인 차이가 있을지도 모른다. 그런데 본 연구의 일환으로 수행한 조사에서 보듯, 열 쾌적성이 명백할 경우, 이는 해당 속성이

---

22 샌프란시스코와 보스턴, 토론토 같은 일부 도시는 공공활동을 뒷받침하기 위해 특정 미기후 성능기준(performance criteria)을 충족시킬 것을 요구한다. John Zacharias et al. "Microclimate and downtown open space activity." *Environment and Behavior* 33.2(2001): 296-315.

23 John Zacharias et al., "Spatial behavior in San Francisco's Plaza: The effects of microclimate, other people, and environmental design." *Environment and Behavior* 36.5(2004): 638-658.

어떤 장소에 대한 애착을 형성할 때 상당히 중요하다는 의미이다.

환경의 쾌적함은 선축석인 해법이 낳는 결과일 뿐 아니라, 이용자들의 적극적인 참여로 얻는 결과이기도 하다. 건축적 디테일과 빌딩 요소들의 조작 가능성이 전문가들이 의도하는 이상적인 쾌적함을 제공하는 것으로는 충분하지 않다. 이 문제에는 이용자들의 참여가 필수적이다.[24]

빌딩 요소들의 조작이라는 관점에서, 환경조절이 가능한 실내 공간의 사람들이 그런 조정이 불가능한 곳에 있는 사람들보다 훨씬 더 넓은 범위의 열적 불쾌감을 감내할 수 있는 것으로 알려져 있다. 이것은 열 쾌적성을 위해 적응하는 이용자의 능력을 건축 설계 과정에서 고려할 필요가 있다는 뜻이다. 베르나르디(Bernardi)와 코발토브스키(Kowaltowski)는 환경상 쾌적조건과 관련한 초등학생들의 행동에 대한 연구에서 출입문 또는 창문의 개폐나 전등과 천장의 팬(fan)을 켜고 끄는 것 같은 조정과 관련해서 아이들이 개입한 것으로 관찰된 적은 거의 없다고 보고했다.[25] 이것은 아이들의 장소를 설계할 때 환경 측면의 쾌적성에 더 많은 주의를 기울일 필요가 있다는 뜻이다. 자신들이 처한 환경을 통제하는 데 무력한 아이들은 불편함에 적극적으로 적응하는 능력이 없기 때문이다. 아이들 대상 좋아하는 장소에 대한 조사에서 나온 것처럼 열적 쾌적함에 대한 민감성이 학교 세팅 내 특정 장소들에 대한 애착에 영향을 끼치는 것은 분명하다.

---

24 Nubia Bernardi and Doris C.C.K. Kowaltowski, "Environmental comfort in school building: A case study of awareness and participation of users," *Environment and Behavior* 38.2(2006): 157.

25 Bernardi and Kowaltowski 2006, 155~172.

중첩되는 영역들의 힘

다양한 영역이 한 장소에 중첩될 때, 그 특정 장소에 대한 선호도는 커지는 경향을 보인다. Table 6.4~6.6에서 보듯, 4~5개의 영역이 중첩된 경우 그 장소를 언급한 응답자가 더 많았다. 예를 들어, 아이들이 어떤 장소에서 친구들과 함께(사회적 측면) 행복감(개인적 측면)을 느낄 수 있는 한, 아이들이 그 지점이 제공하는 다양한 행동 유도성에 만족할 수 있는 기능적 영역은 심미적 가치와는 무관하게 이미 긍정적 가치를 갖고 있다. 하와이의 아이들에게는 대단히 민감한 이슈인 것으로 드러난 에어컨 가동

Table 6.4 학교 I: 언급된 장소, 장소의 측면

학교 I	필드	농구 코트	놀이터	도서관	체육실	카페테리아	교실
응답자	2	3	2	5	3	2	2
기능 영역	✓	✓	✓	✓	✓	✓	✓
심상 영역							
사회적 측면	✓	✓		✓	✓	✓	✓
물리적 측면		✓	✓	✓	✓		
개인적 측면	✓	✓	✓	✓	✓	✓	✓

Table 6.5 학교 II: 언급된 장소, 장소의 측면

학교 II	필드	놀이터 A	놀이터 B	평화의 정원	다목적 홀	교실	컴퓨터실	주방
응답자	2	4	4	2	1	3	2	1
기능 영역	✓	✓	✓		✓	✓	✓	✓
심상 영역			✓	✓				
사회적 측면	✓	✓	✓		✓	✓		
물리적 측면		✓	✓	✓	✓		✓	
개인적 측면	✓	✓	✓	✓		✓	✓	✓

Table 6.6 학교 III: 언급된 장소, 장소의 측면

학교 III	중정	정원	그네	필드	도서관	강당	교실	트리 하우스	매점
응답자	4	7	4	6	12	5	2	1	1
기능 영역		✓	✓	✓	✓	✓	✓	✓	✓
심상 영역	✓	✓	✓	✓	✓				✓
사회적 측면				✓	✓	✓	✓		
물리적 측면	✓	✓		✓	✓	✓		✓	
개인적 측면	✓	✓	✓	✓	✓	✓	✓	✓	✓

이나 나무그늘 같은 부가적 가치를 한 장소가 가질 때, 또는 그 장소가 심미적으로 매력적일 때(심상 영역), 그 장소의 선호도는 증가한다. 또한 그 장소와 관련이 있는 두드러진 개인적인 성취나 집단 참여 같은 특별한 기억은 아이들이 그 장소에 대해 더 강한 애착을 갖도록 도와준다.

학교 I에서 농구 코트는 운동경기와 수업, 공연행사 같은 많은 활동(기능 영역, 사회적 측면)이 벌어지는 곳이자 학생들이 장소 만들기에 참여(개인적 측면)한 곳으로 학교의 실외 장소 중에서 가장 높은 선호도를 보인다. 실내 공간으로서는 제일 높은 선호를 보인 도서관은 다양한 대안(기능 영역)과 에어컨 가동(물리적 측면)이라는 요소가 있는, 개인적인 성취(개인적 측면)와 관련된 공간이다.

학교 II에서, 친구들(사회적 측면)과 함께 융통성 있는 활동(기능 영역)을 하는 공간인 놀이터는 음수대 또는 필드로의 연결통로 등 추가적인 편의성이 지원되면서 좋아하는 장소로 언급되는 데 영향을 주었다. 심미적 특징(심상 영역)과 나무그늘(물리적 측면)이 있는 또 다른 놀이터는 아이들에게서 행복감(개인적 측면)을 자아내어 그곳을 좋아하는 장소로 언급하도록 한층 더 역할을 했다.

Table 6.7 학교 I: 언급된 장소와 논의된 특징들(★ 개인적 경험)

학교 I	언급회수	다양한 기능	심미적 가치	참여	성취	열 쾌적성
도서관	5	✓			✓	✓
농구 코트	3	✓		✓	✓	
체육실	3	✓			(✓)★	
필드	2	✓				
놀이터	2	✓				

Table 6.8 학교 II: 언급된 장소와 논의된 특징들(★ 개인적 경험)

학교 II	언급회수	다양한 기능	심미적 가치	참여	성취	열 쾌적성
놀이터 A	4	✓			(✓)★	
놀이터 B	4	✓	✓			✓
교실	3	✓			✓	
필드	3	✓				
평화의 정원	2		✓	✓		

Table 6.9 학교 III: 언급된 장소와 논의된 특징들(★ 개인적 경험)

학교 III	언급회수	다양한 기능	심미적 가치	참여	성취	열 쾌적성
도서관	12	✓			✓	✓
정원	7	✓	✓	✓		
필드	6	✓	✓			✓
강당	5	✓		✓	✓	✓
그네	4	✓	✓		(✓)★	
중정	4		✓			✓

학교 III에서, 학생들이 커리큘럼의 일환(기능 영역)으로 화초를 기르고 장소의 형성과정에 참여(개인적 측면)했던 곳인 아름다운 정원(심상 영역)은

많은 아이들의 장소성 구축에 일조를 했다. 이것은 아이들이 안전함과 자유(개인적 측면)를 느끼는 상황에서 허공을 나는 움직임(기능 영역)과 아름다운 풍경(심상 영역)을 즐긴 그네의 경우에도 해당되는 것으로, 아이들이 그 장소에 특별한 애착을 가지게 하였다. 아이들이 생애 최초의 그네 경험(개인적 측면) 같은 특별한 기억을 가질 때, 그 애착은 한층 더 강해질 수 있다. 아이들이 결코 놓치지 않은 천창과 에어컨 가동(물리적 측면) 같은 환경 요소를 갖추어 집처럼 아늑한 환경(심상 영역)을 즐기는 도서관의 경우, 강한 장소성을 구축하며 독서와 학습상의 성취뿐 아니라 편안함과 아늑함(개인적 측면)에서도 개인적 만족을 주었다. 강당은 열 쾌적성을 갖춘 환경(물리적 측면) 안에서 공연을 즐기고(기능적 측면) 공연 참여로 성취감을 느끼며(개인적 및 사회적 측면), 무대 뒤를 탐험하는(개인적 측면) 중첩 영역들이 있는 또 다른 장소였다.

장소성의 구축에 있어 중첩된 영역들이 발휘하는 힘은 정량화하기 어려운 성격의 특별한 기억과 개인적 성취가 중첩됐을 경우에도 언급한 장소와 관련한 아이들의 묘사에서 분명하게 나타난다.(Table 6.7~6.9)

장소성과 관련된 가치와 이용 간의 차이

아이들이 꼽은 장소의 잦은 이용과 가치부여를 연계하여 분석해 볼 때 이용과 가치, 장소성과 관련한 이전 연구와 약간 다른 결과가 드러났다. 어떤 장소가 특정 활동에 적합한 곳으로 지각되고 유용한 세팅으로 의미를 가질 때, 그곳은 중요한 곳으로 여겨지거나 그 세팅에서의 행동이 서서히 그곳을 중요한 장소로 만드는 경향이 있다고 보고되어 왔다.[26]

---

[26] Min and Lee 2006, 54.

하지만 세 학교 모두 잦은 이용은 장소성에 영향을 주지 않았다. 아이들이 좋아하는 장소는 매일 이용하는 공간이 아니거나 이용 빈도에 대해 물었을 때에도 긍정적 답변이 나왔던 장소가 아니었다.

가치와 관련한 양상은 더 다양하다. 좋아하는 장소로 언급한 곳에 가치를 두지 않는 학생들에게 중요한 장소를 꼽아달라고 요청하자, 아이들은 교실과 사무실, 도서관을 언급했다. 원래 언급한 장소의 가치와 관련해서 긍정적으로 대답했을 때조차, 학생들은 때때로 '내 입장에서는'이나 '아마도' 같은 조심스러운 태도로 대답했다. 아이들이 가치를 부여한 장소와 그렇지 않은 장소 사이의 차이와 관련한 질문은, 그리고 아이들이 선호하는 장소와 실제 이용하는 장소 사이의 관계에 대한 질문은, 적어도 학교라는 기관의 세팅 내에서는 정답이 정해져 있지 않다.[27] 빈번히 이용하지는 않지만 중요한 곳으로 보는 세팅이 있는 반면, 자주 방문하는 곳이지만 중요한 곳으로 여기지 않는 세팅도 있다는 것이 확인된 것이다. 학교라는 기관의 속성이 이 결과에 영향을 끼친 듯 보인다. 오늘날 학교 환경은 학생들이 이용할 공간 선택에 완전한 자유를 허용하지 않기에, 이 경우 학교의 방침은 중요한 요인으로 작동한다.

가치라는 관념 또한 기관의 근본적인 속성을 반영한다. 학생들에게 중요한 장소를 꼽으라고 했을 때 상징적이고 공식적인 장소들을 언급한 사실에서 발견되었듯이 아이들은, 특히 학교 내부에서는, 훈련받은 패러다임에서 자유롭지 않은 것이다.

---

27 Ibid., 54.

젠더 문제

젠더 구분과 차이의 관점에서, 심리적·지리적 이슈는 생물학적·과학적 영역과는 다른 분석틀이 필요하다. 젠더는 문화적·사회적 산물이기 때문이다.[28] 젠더 관련 논의는 발달과정에 있는 아이들에게는 특별히 민감한 문제이다.

아동 발달과 관련한 젠더 문제는 공간 능력(spatial skill)과 선호공간이라는 두 갈래가 있다. 많은 학자들이 '방향감각'[29]과 '공간 시각화'[30]로 대표되는 공간 능력을 연구했는데, 대체로 나온 결론은 정확성과 관련해서는 남자아이들이 여자아이들을 능가한다는 것이다.[31] 공간 능력은 생물학적 차이만큼이나 사회적·문화적 이슈로도 해석된다. 맥코비(Maccoby)와 재클린(Jacklin)의 차별화된 훈련의 결과물로서의 공간 능력상 성차에 대한 발견은 특별 훈련을 받은 뒤에는 남녀가 공간 능력 관련 과업을 동등한 수준으로 수행하였음을 보여 주었다.

필자가 교내 좋아하는 장소의 위치를 정확히 표시하도록 요청하고 아이들에게서 취합한 학교 가이드 맵은 맥코비와 재클린이 찾은 사실의 일부를 확인해주었다. 아이들이 그린 학교 I과 II의 가이드 맵들은 공간 능력의 관점에서 명확한 젠더 차이를 보여 주었다. 스케치 솜씨와 무관하게, 정확한 지도의 대부분은 남자아이들이 그린 것이었다. 남녀 학생 간 차이가 미미했던 학교 III의 경우는 예외적인 사례에 해당한다. 이런

---

28 Aitken 1994, 104.

29 선택한 경로를 기억하고 재구축하는 능력, 독도법(map reading), 길 찾기 능력.

30 공간 내 물체들의 가상의 움직임을 이해하는 능력.

31 Lauren J. Harris, "Sex-related variations in spatial skill," in Lynn S. Liben, Arthur H. Patterson, and Nora Newcombe(eds.), *Spatial Representation and Behavior Across the Life Span: Theory and Application*(New York, NY: Academic Press, 1981), 83–125.

예외가 생긴 까닭을 짐작하게 해 주는 실마리가 있었다. 조사에 참여한 선생님 중 한 명이 필자에게 주변 동네의 지도를 시각화하는 수업이 담긴 '사회' 과목의 학습계획안을 보여 주었다. 이 간단한 수업을 통해 일상생활에서 방향감각의 실용적 적용에 덜 노출된 것으로 알려져 있던 여자아이들이 남자아이들과 거의 동등한 수준의 공간 능력을 보여 주었던 것이다. 남자아이들은 집에서 멀리 떨어진 구역을 탐험차 돌아다니며 공간 경계를 확장하는 경향이 있어 이런 종류의 테스트에서 실제적 이점을 가질 가능성이 다분히 있다.

매튜스(Mathews)는 11살이 될 때까지는 남자아이들이 여자아이들에 비해 유클리드적 공간(Euclidean space)을 더 잘 이해한다는 것을 확인하며 남자아이들이 공간-인지 관계를 더 폭넓게 이해하고 공간-환경 이해력도 높은 수준을 보여 준다고 보고한 바 있다.[32] 젠더 구분의 관점에서 보면, 성인 집단에 속한 하와이대학교의 신입생 대상 조사에서, 학교 가이드 맵의 질에 있어 성차가 없다는 게 발견되었는데 이는 어린 시절에 나타나는 공간 능력의 발달에서 젠더 차이를 다룬 이론을 지지하는 것일 수도 있다.

학령기 아이들의 학교 환경 관련 특징에 대한 선호도를 조사한 스튜어트 코헨(Stewart Cohen)과 수전 L. 트로슬(Susan L. Trostle)은 여자아이들이 복잡함, 색상, 질감, 조명을 좋아하는 것은 더 큰 아이들의 선호경향과 유사했고, 그와 대조적으로 남자아이들은 더 큰 세팅 상의 특징을 훨씬 더 선호한다고 보고했다. 이들의 연구는 남자아이들의 공간 지도는 내

---

32 Stewart Cohen and Susan L. Trostle, "Young children's preferences for school-related physical-environmental setting characteristics," *Environment and Behavior* 22,6(1990): 756.

용 면에서 더 피상적인 반면, 여자아이들은 디테일에 더 많은 관심을 보였다고 검증한 매튜스의 연구를 재확인해 준 것이다.[33]

여자아이들이 디테일과 미시적인 특징에 집중하는 성향은 필자의 조사에서도 다시 확인되었다. 남자아이들은 특정 장소에 있는 물건들 사이의 관계에 더 관심을 기울인 반면, 여자아이들은, 공간 관계를 얼마나 정확하게 묘사하느냐 하는 것과는 별개로, 해당 장소에 있는 아이템들을 놓치는 적이 없었다. 예전에는 여자아이들은 실내 지향적인 반면, 남자아이들은 실외를 선호한다는 주장이 받아 들여졌다. 하지만 내면적이고 수동적이며 사적 공간에 쏠리는 여자아이들의 성향을 타고난 것으로 본 에릭슨(Erikson)의 개념은 부모와 미디어로부터의 성역할(sex-role) 학습에 연구의 초점을 맞춘 로이드(Lloyd)에 의해 반박됐다. 로이드에 따르면, 남성을 공적, 외부적, 생산적 활동에, 여성을 사적, 내부적, 재생산 활동에 결부시키는 것은 아이들에 의해 재생산되는 문화적 인공물(cultural artifact)이다.[34] 필자가 수행한 조사에서는 실내 공간과 실외 공간 사이의 선호도 비교에서 상대적으로 미미한 차이가 발견됐다. 남자아이들과 여자아이들 사이에서 실외 공간에 대한 선호가 지배적인 것은 공통적인 현상이었다. 하지만, 여자아이들은 실내 공간을 약간 더 좋아했다. 학교 I에서, 여자아이는 12명 중 7명이 도서관이나 체육실, 교실 같은 실내 장소를 꼽은 반면, 남자아이는 7명 중 4명이 실내 장소를 꼽았다. 학교 III에서, 남자아이는 17명 중 9명이 실외 장소를 꼽았고, 이에 비해 여자아이는 25명 중 12명이 실외 공간을 꼽았다. 조사에 참여한 남자아이의 수가

---

33 Cohen and Trostle 1990, 756.

34 Aitken 1994, 104.

여자아이의 수보다 훨씬 많았던 학교Ⅱ는 이 비교에서 고려하지 않았다.

젠더의 관점에서 아이들과 학교 내 장소들 사이의 관계는 당연히 학교 방침과 개별 학교의 사회적 맥락의 영향을 받는다. 예를 들어, 엘리노어 켈리(Elinor Kelly)는 놀이터에서의 인종차별주의와 성차별주의에 대한 연구에서, 여자아이들에게 놀이터가 갖는 의미는 그곳에서 놀 기회의 측면에서 학교 방침의 가변성에 따라 극단적으로 달라진다는 것을 발견했다. 특정 장소에 대해 어떤 여자아이는 남자아이들의 축구가 장악한 곳으로 간주하는 반면, 다른 학교 소속 여자아이는 원하는 활동을 할 수 있는 놀이터를 자신이 얼마나 즐기는지를 묘사했다.[35]

학교 세팅 내에서 젠더 분리 문제는 배리 손(Barrie Thorne)의 연구에서 상식적인 문제로 간주된다. 그는 남자아이들이 팀 스포츠를 누리는 널따란 영역을 지배하며 여자아이들의 참여를 거의 허용하지 않는 것을, 그리고 그와는 대조적으로 여자아이들은 학교 건물 근처에서 포스퀘어 게임(foursquare)과 줄넘기를 하는, 더 규모가 작은 영역을 지배하는 것을 관찰했다.[36] 안소니 펠레그리니(Anthony Pellegrini)는 학교의 휴식시간과 관련한 논의를 다룬 또 다른 책에서 놀이터의 놀이기구를 스스로 선택하고 격렬하고 거친 행동을 하는 남자아이들의 성향이 이들을 트인 운동장에 자리잡게 만든다는 것을 관찰했다. 그는 이것을 아이들이 개인적으로 하는 행동에 대해 환경이 강제하지 않는다는 증거로 해석했다.[37]

---

35 Elinor Kelly, "Racism and sexism in the playground," in Peter Blatchford and Sonia Sharp(eds.), *Breaktime and the School*(New York, NY: Routledge, 1994), 69.

36 Barrie Thorne, *Gender Play: Girls and Boys in School*(New Brunswick, NJ: Rutgers University Press, 1993), 44.

37 Anthony D. Pellegrini, *School Recess and Playground Behavior*(Albany, NY: State University of New York, 1995), 58.

Fig. 6.56 휴식시간에 통로에서 쉬는 여자아이들: 학교 II

Fig. 6.57 휴식시간에 운동장에 있는 여자아이들과 남자아이들: 학교 II

이 연구들의 행간을 읽어보면, 우리는 실내/실외 활동의 관점에서 특정 젠더를 차별하는 것은 여자아이들과 남자아이들 사이의 개인적인 선호 외에도 권력(power) 및 영역 문제와도 관련 지을 수 있다는 걸 추론할 수 있다(Fig 6.56과 6.57). 하지만 휴식시간이나 방과 후 수업에 감독관을 지정 하여 지키게 만드는 오늘날 학교 세팅에서, 개인의 선호는 장소 선택의 주요 결정 요인이다. 여자아이들이 탁 트인 넓은 공간에서 공격을 받게 될 위험을 나름의 선택을 통해 피할 수도 있지만 말이다. 예를 들어, 학

Fig. 6.58 휴식시간에 통로에서 쉬는 남자아이들: 학교 I

Fig. 6.59 휴식시간에 운동장에서 줄넘기를 하는 여자아이들: 학교 I

교 I의 필드에서는 휴식시간 동안 줄넘기를 즐기는 여자아이들과 그늘
진 통로에 무리지어 있는 남자아이들을 볼 수 있었다(Fig. 6.58과 6.59). 학교
II에서도 필드에 남자아이들과 여자아이들의 무리가 뒤섞여 있었으며
일부 여자아이들은 휴식시간에 서늘한 통로를 배회하면서 수다를 떠는
것이 보였다.

심상 영역은 젠더 구분의 관점에서는 남녀간 선호의 차이를 전혀 보
여 주지 않았다. 이런 경향은 성인 집단(신입생 또는 고학년 레벨 학생들)을 대상

으로 수행한 조사에서도 동일했다. 고학년 학생들은 기억 스케치에서 심상 영역을 지향하는 경향이 뚜렷했지만 말이다. 기능 공간에 대한 것도, 남성이 실외 공간을 선호한다는 것을 보여 주기는 했지만, 젠더 구분을 그리 많이 보여 주지는 않았다.

성취의 장소에 대한 선호는 남자아이와 여자아이에게서 비슷한 양상으로 나타났다. 하지만 언급된 장소들에서 개인적인 성취를 지향하는 경향은 남자아이들과 여자아이들이 약간 달랐다. 여자아이들은 실내 학습 공간이나 실외의 개인적인 놀이도구에 더 집중한 반면, 남자아이들은 다른 남자아이들과 함께 탐험할 실외의 사회적 공간을 강조하는 경향을 보여 주었다.

젠더 이슈는 문화적·개인적 배경의 영향을 강하게 받는다. 그러므로 이 조사에서 드러난 일부 차이점은 일반화하기 어렵다. 젠더와 관련한 구분이 더 엄격했던 전통적 관행에 비해, 학부모의 관행이 변해가는 오늘날의 맥락에서는 특히 더 그렇다. 이 분석에서 드러난 남자아이들과 여자아이들 사이의 사소한 차이는, 젠더 구분의 대부분의 양상이 수십 년 전에 수행된 연구를 통해 우리가 아는 것과는 다르다는 것을 알려준다.

6.3 교차 비교와 장소 유발기제의 존재

아이들과 어른 대상 조사의 교차 비교는 현시점의 학교 환경 내 아이들이 구축하는 장소성과 어른들의 학교 내 장소에 대한 기억의 차이를 보여 준다. 장소성은 물리적 장소와 정서적 애착이 만나 형성되므로, 장소성의 분석은 불가피하게 주어진 장소의 물리적 특징 및 그와 관련된 다른 소프트한 측면에 대한 평가가 관련된다. 아이들과 어른들을 대상으로 한 조사 모두 기능 영역과 심상 영역의 이분법적 틀에 의해 분석되고, 무어와 영의 삼각형, 즉 지상학적-사회적-내면적 공간의 틀에 의해 분석되므로, 발달과정상의 변화와 관련한 어른들과 아이들의 장소성의 양상을 비교하는 것이 가능해진다.

실외 공간이 지배적인 것은 양쪽 조사에서 공통된 현상이었는데, 어른 대상 조사에서 실외 공간을 지향하는 경향이 더 많이 발견됐다. 고학년 레벨 건축학과 학생 15명의 응답자 중 2명만이 어린 시절에 좋아한 교내 기억의 장소로 실내 공간을 꼽았다. 신입생 26명 중 17명은 그들이 그린 기억 스케치에 실외 장소를 보여 주었다. 이 비율은 선정된 학교들의 실외 공간의 질에 대해 상대적으로 응답에 차이가 있었을지언정 전체 응답자 중 절반 정도가 실외공간을 선택한, 아이들의 현재학교 경험에 대한 조사에서보다 훨씬 높은 수준이다.

기능 영역과 심상 영역의 이분법은 두 조사에서 모두 뚜렷한 구분을 보여 준다. 아이들 대상 조사에서는 심상 영역이 거의 언급되지 않은 반면, 많은 어른의 기억의 장소들은 심상 영역의 양상을 띤다. 흥미로운 건, 심상 영역은 거의 항상 풍부한 기억 및 긍정적 측면과 관련되는 반면, 기능 영역은 어른 대상 조사에서 빈약한 장소 기억에 한하여 지배적이라는 점이다. 아이들의 현시점 학교 내 장소성이 다양한 대안을 가진 기능적 장소에서 구축되는 것이 자주 발견되는 것을 보면 어른들의 기능 영역에 대한 기억이 빈약한 것은 어린 시절에 겪는 발달에 따라 그런 기능적 장소의 물리적인 특징에의 기억이 희미해지는 것처럼 보인다. 따라서 우리는 이러한 점에 관심을 가질 필요가 있다. 청소년기 아이들의 이러한 패턴을 다룬 연구가 밝힌 것처럼, 장소 애착의 관점에서 발달과정상 변화를 고려할 때, 아이들의 기능적 장소에 대한 애착은 결국 심미적 가치에 대한 장소 애착으로 대체되는 것으로 알려져 있다. 그러므로 심상 영역에 속한 장소들이 어른들에게서 상대적으로 더 많이 언급되는 것은 아이들의 인지 발달의 관점에서는 자연스러운 일로 보인다. 그런데 학교 환경에 대한 어른의 기억 스케치에서 빈약하게 묘사된 상당수의 기능 영역이 보인다는 사실은, 어른의 스키마에 각인된 기억의 정도와 지속된 기간의 관점상, 심상 영역이 가진 힘을 생각하게 한다. 기능 영역에 속한 장소 관련 묘사가 거친 데 비해, 심미적 가치를 가진 심상 영역은 어른의 어린 시절 기억의 장소에서 상세하게 서술된다.

또 다른 결론은 감각적 경험과 심상 영역 사이의 밀접한 관계다. 긍정적이고 풍부한 기억이 떠오를 때, 감각적 요소를 서술하는 표현 정도가 높았다. 반면 기능 영역은 감각적 경험에 엮이는 경우가 드물었다. 건축과 신입생 집단은 아이들의 현재 시점 교내 장소에 대한 서술과 비슷하게 감각적 특징으로 더욱 자세히 경험을 표현하는 반면, 고학년 건축학과 학생들은 촉각과 후각, 청각은 부족할지언정 시각적 측면에 더 많이 경도되었다. 신입생들의 반응은 감각적 요인이 풍부한 장소들이 어른의 기억에 더 오래 남는다는 것을, 특히 그 장소가 심미적 가치를 가질 때는 더욱 그러하다는 것을 의미한다. 고학년 학생 그룹이 그런 측면을 거의 언급하지 않는 것은 장소의 시각적 측면을 강조하는 전문교육 훈련을 집중적으로 받은 것과 관련이 있는 듯 보인다.

두 집단이 작성한 기억 스케치에서, 심미적 가치를 갖는 심상 영역의 장소들은 감각 경험으로 대표되는 개인의 내면 공간과 관련되는 반면, 기능 영역의 장소들은 대개 사회적 측면과 관련되었다. 그러므로 어린 시절의 발달과정에서 애착 패턴이 사회적 관계로부터 시작하여, 기능적 장소로 옮겨가고 궁극적으로 심미적 장소로 대체되는 것은 이 극단적인 차이를 설명할 실마리를 제공한다.

아이들의 인지 발달상 성숙 정도는 어른들의 어린 시절 학교 내 기억의 장소에 영향을 주는 듯 보인다. 투안이 설명하듯, 아이들의 성장 중 애착의 대상이 중요한 사람들에게서 장소로 이행하면서, 아이들에게 큰 세팅이 가지는 의미는 줄어든다. 아이들은 이동성이 없는 데다가, 세팅의 규모가 아이들이 느끼는 편안함 및 지원 정도와 직접적인 관련이 없기 때문이다.[38] 그러므로 아이들이 그들의 니즈에 직접 영향을 주는 것 같지 않은 어떤 장소의 심미적 가치를 인식하려면 어느 정도 시간이 필요하다. 아이들의 인지 발달과 성숙 정도의 관점에서 어떤 장소의 심미적 가치를 인식하는 것이 하나의 이슈가 되는 이유가 바로 그것이다.

심미적 가치가 결여된 학교 세팅에서 어린 시절을 보낸 사람은 그 정도 질 높은 장소에 노출될 가능성이 적고, 그 결과 기능 영역에 속한 어린 시절의 장소에 대한 기억을 떠올리게 된다고 주장할 수도 있다. 이 점은 심미적 가치를 가진 심상 영역에 속한 장소의 가치를 해석하는 관점에서 중요하다. 위의 주장을 받아들인다면, 어린 시절에 심미적 가치를 가진 장소에 노출된 어른들만이 소중한 기억의 장소로 각인된 그런 장소에 애착을 품을 수 있을 거라는 결론을 내릴 수 있다. 어린 아이의 발달과정상 애착 패턴이 심미적 장소의 가치를 나중에야 제대로 인정한다는 이 사실과 연결해 보면, 어렸을 때 심미적 가치를 가진 장소에 노출된 어른들은, 그런 장소에 노출된 적이 없던 이들에 비해, 또는 학교 세팅에서 심미적 장소의 가치를 수용할 만한 인지적 수준에 이르지

---

[38] Tuan 1977, 29.

Table 6.10 서베이에 보이는 장소 유발기제(★모든 가이드 맵에 대한 분석을 포함한 횟수)

학교	언급된 장소	기능 영역	심상 영역	실제로 존재하는 장소 유발기제	아이들의 스케치에 표현된 횟수★	
					가이드 맵	스케치
학교 II	평화의 정원		✓	중심	중심: 2	중심: 2
				경계	경계: 2	경계: 1
	필드	✓		가장자리	가장자리: 5	가장자리: 3
학교 III	중정		✓	경계	경계: 6	경계: 2
				길	길: 16	길: 7
				문턱	문턱: 15	문턱: 7
	정원	✓	✓	경계	경계: 11	경계: 1
				길	길: 2	길: 1
				문턱	문턱: 0	문턱: 2
	그네	✓	✓	가장자리	가장자리: 2	가장자리: 1
	필드	✓		가장자리	가장자리: 2	가장자리: 1

못한 사람들에 비해, 그러한 장소의 도움으로 다른 아이들보다 더 일찍 발달과정의 변화를 겪는다고 추론할 수 있다.

　어른들의 학교에 대한 기억 스케치에서 심미적 가치를 가진 심상 영역이 성인 대상 일반적인 기억 스케치와 공통적인 특징을 보여 준다는 점은 흥미롭다. 이 공간 특성들은 필자가 장소성의 관점에서 교차 확인하고 싶었던 특정 속성들로, 필자는 다년간 건축전공 학생들을 대상으로 모은 기억 스케치들을 분석하여 이를 '장소 유발기제(Place Generator)'라고 명명했다. 흥미로운 건, 아이들의 심상 영역에 속한 장소 대상 스케치도 장소 유발기제 특성을 확연히 보여 준다는 것이다(Table 6.10).

　초등학생을 대상으로 진행한 조사에서는, 스케치에 대한 설명 및 설문지와 함께 두 개의 스케치가 취합되었다. 첫 스케치는 좋아하는 곳의 위치를 표시한 학교 가이드 맵이었고, 두 번째 스케치는 참여자가 좋아하는 장소만을 다룬 것이었다. 아이들이 현재 경험하는 실시간 장소에 대한 스케치와 어른들의 기억 스케치를 비교하면 유의미한 추론이 가능하다. 어른들의 스케치에 드러날 정도로 오래 지속되는 이미지에 대한 실마리를 얻을 수 있기 때문이다. 동일한 장소와 사람은 아닐지라도, 실시간 경험과 기억에 대한 스케치들의 공통적 양상은 어떤 종류의 경험이 기억에 머무르고 희미해지는지를 알려준다. 고학년 건축학과 학생 대상 조사에 장소 유발기제의 속성이 상당히 많이 존재한다는 건 분명했다. 이것은 시각 현상에 경도된 건축 분야의 전문적 훈련의 결과로 해석된다. 어떤 주어진 지점의 장소 유발기제의 존재는 그런 특징들을 담은 '이미지 은행'으로부터 그것들을 쉽게 스캔하고 떠올리도록 훈련을 받은 건축 전공 학생들에게 더 쉽게 인식됐을 가능성이 있다. 사람들은 과거를 과장하거나 이상화하는 경향이 있기에, 그런 장소들은 건축 전공 고학년 학생들의 기억에서도 이상적인 장소로 각인됐을 것이다. 그러므로 신입생 집단에 관심을 기울이는 것이 더 중요하다. 그들은 편향된 시각적 훈련을 그리 많이 받지 않은 학생들이기 때문이다. 신입생 집단의 스케치들 중 소수만이 심상 영역에 속한 사례에 국한해서 '경계', '중심', '길', '문턱', '가장자리' 같은 장소 유발기제의 속성을 보여 주었는데, 이는 아이들의 스케치와 유사했다.

아이들의 스케치에서 선호장소로 꼽은 심상 영역의 장소들은 뚜렷한 장소 유발기제 속성을 보여 주었다. 기능 영역에 속한 선호장소는 한두 곳만이 장소 유발기제 특징을 보여 주었는데, 그것은 그 지점에서 아이들이 놓칠 것 같지 않은 특별히 강렬한 특징이었다. 일부 아이들은 가이드 맵에서만 장소 유발기제를 보여 주고 세밀한 스케치와 설명에서는 그것들을 빠뜨렸다. 반면에 일부 아이들은 그것과 반대로 하였다. 양쪽 그룹의 스케치에서, 심상 영역에 속한 거의 모든 장소가 장소 유발기제를 드러냈고, 그 구체적 특징들은 그곳을 선호장소로 꼽은 최소 한명 이상의 스케치에서 발견되었다.

선호장소로 언급된 실제 장소에 장소 유발기제가 존재하는 것과 아이들의 스케치에 그런 특징이 묘사되는 것은 다른 차원을 시사한다. 아이들의 선호장소들은 그들의 장소성이 가진 역동성을 이해하도록 해주는 정보를 제공할 특징들을 대부분 가지고 있다. 일부 특징은 아이들의 스케치를 통해 전달되지 못하지만, 상황에 따라 인터뷰나 설문지를 통해 묘사될 수는 있다. 하지만 물리적 장소의 특별한 특징을 구술이나 시각적 표현을 통해 서술하는 것이 불가능한 경우가 때때로 있으므로 연구자는 해당 장소를 더 자세히 관찰해 봐야 한다. 아이들의 스케치에 장소 유발기제가 표현된다면, 그것은 그 장소를 언급하고 구체적인 특징을 그린 아이들의 인지수준이 그걸 빠뜨린 다른 아이들보다 높다는 걸 의미한다. 또 한편으로, 아이들이 장소 유발기제의 존재를 그림으로 보여준 장소는, 그런 장소 유발기제 특징이 있으나 스케치에 그것이 표현되지 않은 장소에 비해 더 강한 특징을 가진 것으로 해석할 수 있다. 주변 상황과 상관없이 아이들이 활동하는 실제 장소에서 관찰되고 경험되었을 때에 한해 장소 유발기제가 아이들의 장소성 구축을 돕는 게 확실해 보인다. 여러 명의 참가자들이 동일한 장소들을 언급하고 스케치로 표현하고 서술했으므로, 아이들의 스케치만 보고 장소 유발기제가 보이는 장소들을 걸러내는 것은 가능한 일이다. Table 6.10은 언급된 장소 내 장소 유발기제와 관련된 아이들의 스케치 상 시각적 표현의 정도를 보

Fig. 6.60 학교 I의 평화의 정원

Fig. 6.61 아이들이 이용 중인 학교 I의 평화의 정원

여 준다.

심상 영역으로 분류되는 학교 II의 '평화의 정원'(Fig. 6.60과 6.61)은 공간 특징 중 '중심'과 '경계'를 뚜렷하게 보여 주고, 이 특징은 가이드 맵과 상세 스케치에도 등장한다(Fig. 6.62). 학교 III의 심상 영역도 장소 유발기제의 구성요소를 정확하게 묘사한 스케치를 보여 준다. 학교 III의 정원(뒤뜰)(Fig. 6.63과 6.64)에서 입구는 중요한 특징이며, '문턱'의 개념이 아이들의 스케치에 보인다(Fig. 6.65, 오른쪽). 학교 울타리는 정원(뒤뜰)의 '경계'를

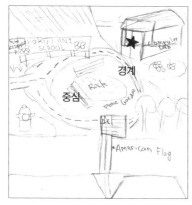

Fig. 6.62 학교 II, 평화의 정원의 스케치: 중심, 경계

Fig. 6.63 길과 경계를 보여 주는 학교 III의 정원

형성하고, 아이들이 그린 학교 가이드 맵에도 등장한다(Fig. 6.65, 왼쪽). '길'
은 정원(뒤뜰)에 대한 상세 스케치에 뚜렷하게 묘사된 또 다른 특징이다
(Fig. 6.65, 오른쪽).

중정은 '경계'와 '길', '문턱' 등 장소 유발기제의 특징을 가진 학교 III
의 또 다른 심상 영역이다(Fig. 6.66과 6.67). '길'은 중정 주변에 배치되었
을 뿐 아니라 곡선형으로 중정을 가로지르게도 해준다. 아이들의 가이

Fig. 6.64 문턱과 길, 경계를 보여 주는 학교 III의 정원

드 맵에 굽이진 길이 빠지는 경우는 결코 없었다. 그곳을 좋아하는 장소로 꼽지 않은 아이들의 스케치도 마찬가지였다. 중정을 그린 상세 스케치는 길의 질과 형태를 뚜렷하게 보여 준다(Fig. 6.68, 오른쪽). '문턱'은 중정으로의 입구에 몇 단의 계단과 필로티로 구성된 또 다른 특징이다. 흥미로운 건, 야외 무대의 일부로 활용되는 이 계단들이 아이들의 거의 모든 가이드 맵에 정확하게 그려졌다는 것이다(Fig. 6.68, 왼쪽). 시몬(Seamon)이 언급했듯, 어떤 장소에서 몸의 움직임과 관련되어 통과하는 행동은 아이들의 마음에 강렬하게 각인된다고 해석할 수 있다.[39] 크로스 바(cross bar)가 설치된 학교 정문 또한 가이드 맵에 잘 표현되어 있다는 사실이

---

[39] 시몬은 공간-환경 역학(space-environment dynamics)의 창조물인 장소-발레(place-ballets)를 수많은 시간-일상적 공간(time-space routines)과 신체-발레(body-ballets)의 융합으로 설명한다. 이 개념에 따르면, 상당한 시간 동안의 습관적인 신체 행동은 장소를 만들어 내고 재생시키고 보호한다. David Seamon, "Body-subject, time-space routines and place-ballets," in Anne Buttimer and David Seamon(eds.), *The Human Experience of Space and Place*(New York, NY: St. Martin's Press, 1980), 148-165.

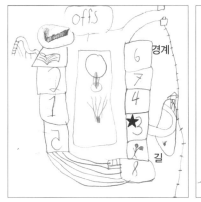

Fig. 6.65 학교 III의 정원 스케치: 경계, 길, 문턱

이 해석을 뒷받침한다(Fig. 6.65, 왼쪽). 자물쇠가 높이 위치하여 있기 때문에 어른들의 도움을 받아야만 하지만, 그 특정한 지점은 몸의 움직임과 관련이 있다.

아이들이 서늘한 그늘을 즐기면서도 정작 스케치에서는 아름드리나무를 이따금 빠뜨린다는 사실도, 아이들은 자기들이 경험하는 스케일에 부합되게 위치했을 때에만, 그리고 자신들의 신체 움직임과 직접 관련이 있을 때에만 공간적 특징을 인식한다는 것을 간접적으로 알려준다. 아마도 학교 III과 학교 I에 있는 아름드리나무들을 의식하는 정도의 차이 또한 이 사실로 설명될 수 있을 것이다.

학교 III에 있는 나무는 아이들이 체감하는 스케일에서 시각적 배경이 되는 가지들이 있는 반면(Fig. 6.74), 학교 I의 나무 크라운은 매우 높다(Fig. 6.78). 학교 III에 있는 나무를 의식하는 정도는 스케치에 매우 잘 반영되어 있다. 학교 III의 나무는 인터뷰나 스케치에 서술되고 묘사되는 반면, 학교 I의 나무는 아이들이 커다란 나무가 있는 필드를 그릴 때조차도 거의

Fig. 6.66 경계와 길, 문턱을 보여 주는 학교 III의 중정

Fig. 6.67 문턱을 보여 주는 학교 III의 중정 입구

Fig. 6.68 학교 III의 중정 스케치: 경계, 길, 문턱

Fig. 6.69 가장자리를 보여 주는 학교 III의 그네

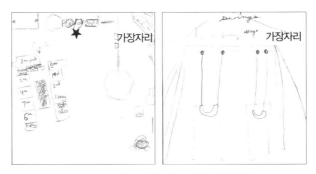

Fig. 6.70 학교 III의 그네 스케치: 가장자리

언급되지 않았다. 스프링클러가 가동되면서 생긴 진흙탕 때문에 나무 아래로 접근이 불가능하다는 사실도 이 나무의 존재가 무시된 이유를 설명해 줄 수 있다. 학교 III에 있는 그네는 기능 영역과 심상 영역이 중첩된 영역이다. 학교와 인근 주택들을 가르고 있는 울타리는 그네를 묘사한 아이들의 스케치에 뚜렷하게 보인다(Fig. 6.69). 장소 유발기제의 용어를 사용하자면, 이 울타리는 '가장자리'로 분류할 수 있다(Fig. 6.70). 기능 영역에 속하는 필드를 그린 스케치에서도 동일한 울타리가 보인다(Fig. 6.76).

Fig. 6.71 가장자리를 보여 주는, 학교 II의 필드와 학교 사이 울타리 모습

Fig. 6.72 가장자리를 보여 주는 학교 II의 필드

Fig. 6.73 학교 II의 필드 스케치, 가장자리

기능 영역을 그린 응답자들의 스케치 상에 장소 유발기제가 나타나는 정도에 대한 비교 작업은 또 다른 흥미로운 사실을 제공한다. 학교 II의 필드(Fig. 6.71과 6.72)과 학교 III의 필드(Fig. 6.74와 6.75)는 스케일과 질에서 매우 다른 양상을 가진다. 하지만 두 운동장을 그린 스케치들은 놀라울 정도로 유사하다(Fig. 6.73의 오른쪽과 Fig. 6.76의 오른쪽). 이것은 아이들이 이 영역에서 보여 주는 빠르고 거친 동작이 아이들로 하여금 멀리 떨어진 강렬하고 단순한 특징들만 포착하게 만들고 스케치에서는 '가장자리'로 묘사되었다고 해석할 수 있다. 앞서 기능 영역과 심상 영역에 모두 해당되는 것으로 언급했던, 학교 III의 그네에 대한 표현은 아이들의 신체적 움직임이 관여돼 있는 이 해석을 확인하여 준다. 학교와 인근 주택 사이에 있는 울타리는 '가장자리'를 나타내는 거친 선(線)으로 스케치에 묘사된 유일한 장소 유발기제로(Fig. 6.70, 오른쪽), 그네를 타는 아이들의 빠른 움직임 속에서도 결코 놓치는 법이 없다. 더 흥미로운 발견은, 아이들이 학교의 실제 공간 속 장소 유발기제 특징을 갖춘 장소를 선호장소로 언급하지 않았을 때에 해당하는 반대 사례이다. 아이들의 이런 묘사와 어른들의 기억 스케치를 대조 확인해보면, 장소 유발기제를 갖춘 장소들은 아이들과 어른들 모두, 적어도 심미적 가치를 가진 심상 영역에서는, 선호장소로 더 자주 언급한 곳들이었다. 그러므로 우리는 장소 유발기제를 가진 곳은 아이들이 일상 경험을 통해 좋아하는 장소로 선택하고 언급할 가능성이 더 클 것이라고 가정할 수 있다. 하지만 이 문제에 있어서는 불일치하는 곳들도 일부 있었다. 그중 한 가지 사례가 학교 II의 중정이다(Fig. 6.77). 통로와 건물들에 둘러싸인 이 중정은 아이들이 "빈둥거리기"가 가능한 선호장소로 꼽을 확률이 큰 곳이다. 이 공간은 아이들의 활동 세팅은 아닐지라도, 심미적 가치를 가진 심상 영역이기 때문이다.

Fig. 6.74 가운데에 있는 압도적인 나무를 보여 주는 학교 III의 필드

Fig. 6.75 가장자리로서의 울타리를 보여 주는 학교 III의 필드

Fig. 6.76 학교 III의 필드 스케치, 가장자리

Fig. 6.77 길이 없는 학교 II의 중정

Fig. 6.78 제한된 접근성을 보여 주는 학교 I의 나무

하지만 이곳을 언급한 아이는 한 명도 없었다. 필자가 이 특정한 장소를 직접 관찰해 본 결과 접근성 문제가 드러났다.

　학교 II의 교실군들을 나누는 두 군데 중정은 잔디와 나무 두 그루를 갖춘 잘 관리된 곳이다. 나무들이 드리우는 그늘이 그리 넉넉하지는 않지만 말이다. 이곳은 강한 장소 유발기제 특징 몇 가지를 가지고 있다. '길'과 '경계'이다. 나무 아래에는 벤치들도 마련되어 있다. 그러나 접근로가 없고, 필자가 관찰한 휴식시간 중 몇몇 여자아이가 그곳에서 줄넘기를 하기는 했지만, 그곳에 있는 벤치에 접근하는 것은 기본적으로 불가능하다. 이곳은 많은 아이가 상세 스케치에서 언급한 학교 Ⅲ의 중정과는 대조적이다. 이곳을 선호 장소로 꼽은 학생들의 스케치에서 뿐만이 아니라, 다른 장소를 꼽은 학생들의 학교 가이드 맵에서도 중정 가운데 굽이진 통로가 빠지는 일은 결코 없었다(Fig. 6.68). 학교 I의 세팅에서도 유사한 상황이 벌어진다. 아이들은 아름드리나무 아래에 있는 스프링클러 때문에 그 나무에 접근하지 못한다. 진흙탕이 된 구역이 접근을 차단하기 때문이다(Fig. 6.78). 필드 한가운데 크고 두드러진 모습에도 불구하고 학교 가이드 맵에 나무가 그려지는 경우는 거의 없었고, 좋아하는 장소로 언급되지도 않는다. 이런 사례들을 통해 볼 때 접근이 불가능하고 아이들과 상호작용이 일어나지 않는 장소는 애착의 관점에서 특별한 곳으로 남을 가능성이 낮다는 결론이 가능하다.

그러므로 장소 유발기제 요소를 갖춘 장소는 아이들과 직접 상호작용을 할 수 있을 때에 한해 아이들을 끌어들이는 좋아하는 장소가 되며, '빈둥거리는' 심상 영역의 심미적 특징으로 아이들에게 각인될 가능성이 더 크다고 할 수 있다. 더불어, 특정 기억의 장소들에 대한 스키마 형성에 이러한 공간적인 특징들이 도움을 주었고, 그리하여 아이들의 발달 변화를 가속화시켰다는 판단에서 볼 때, 어른들의 기억의 장소에서 결코 사라지지 않을 장소 유발기제를 장착한 심미적 가치의 심상 영역의 힘이 확인된 것이다.

7장
학교 환경의 변화

7.1 운동장 없는 학교의 장소성: 서울의 학교들 사례[1]

앞 장에서, 우리는 실외 장소들이 아이들의 기억에 각인된 장소의 상당 부분을 차지한다는 사실과 아이들은 이 장소들을 통해 몸의 에너지를 내뿜을 뿐 아니라 인지 발달 속도 또한 이 장소들 덕에 가속화된다는 것을 알게 됐다. 이러한 맥락에서, 우리는 전 지구적 차원에서 벌어지는 현상인 도시화가 학교 환경 내 소중한 자연요소를 위협하는 현상에 대해 우려할 수밖에 없게 되었다.

---

1 이 부분은 필자의 다음의 연구를 바탕으로 확장한 버전이다. Rieh, Sun-Young, "A research on the aspects of favorite place in urban mini school-sense of place in the elementary school without playground." *Journal of the Architectural Institute of Korea: Planning & Design* 27.4 (2011): 79-86.

Fig. 7.1 뉴욕의 빌딩형 학교

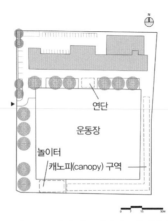

Fig. 7.2 정규 운동장이 있는 한국의 표준설계 초등학교

    아이들의 발달에 필수적인 자연 환경을 아이들에게서 빼앗았을 때, 아이들이 학교 환경에서 겪는 경험은 어떻게 달라질까? 이런 변화의 맥락에서, 학교 환경을 설계하는 사람들은 어떤 입장을 가져야 할까? 이 장은 도시화의 영향으로 물리적 자원이 부족해지면서 운동장이 사라지는 현실에 초점을 맞추어(Fig. 7.1) 아이들 개개인의 장소성이 어떻게 변하는지 일상생활 속 물리적 환경을 바탕으로 밝힌다.

    학교시설 관련 최저 기준은 사회적 여건에 따라 다르다. 예를 들어, 일부 국가는 카페테리아와 도서관이 학교의 필수시설이지만, 다른 나라에서는 정책적으로 그런 시설을 요구하지 않고 커뮤니티와 공유하기도 한다. 시설 기준 측면에서 제일 큰 차이는 학교 실외 공간에 대한 규제이다. 한국에서 운동장은 오랫동안 표준적인 학교 시설이었다. 운동장은 아이들이 교내에서 널찍하고 다양한 실외 환경을 접하도록 하는 데 중요한 역할을 해왔다. 체육수업을 위한 적절한 길이의 육상트랙과 특정 경기들을 위해 규모가 정해진 운동구역, 분절된 놀이구역 덕에 초등학생들은 공간의 질과 상관없이 넉넉한 실외 공간을 향유할 수 있었다(Fig.7.2). 하지만 급격한 도시화와 지가(地價) 상승 탓에 이런 외부 공간을 확보하는 것은 어려운 일이 됐고, 운동장을 체육관으로 대체하거나 주변의 옥외공간을 활용하는 식의 다양한 모델이 개발되면서 운동장은 필수요건에서 점차적으로 제외됐다.

이 연구는 운동장 없는 학교뿐 아니라 최소 규모 운동장을 갖춘 학교와 대체 실외 운동장이 있는 학교에서도 수행했다. 표준 규격 운동장이 있는 일반 학교도 비교기준으로 포함시켰다. 새로운 교육 정책상 체육관이 학교 운동장을 대체할 수 있도록 허용했을 때, 정규 운동장은 좁고 짧은 육상트랙이 들어선 작은 놀이구역 수준으로 쪼그라든다. 실외 공간이 한정된 상황에서 서울의 고밀 도시 지역에 위치한 전형적인 초등학교에는 전략적으로 옥상 정원과 중정, 필로티 공간 같은 곳이 정규 운동장을 대체하는 시설로 제공된다. 필자는 학생들에게 좋아하는 장소를 물어보면서 운동장 없는 학교에서 학생들이 겪는 경험과 그런 상황이 발달에 끼치는 영향에 대해 조사할 수 있었다. 연구는 한정된 실외 공간을 갖춘 학교 아홉 곳과 정규 크기의 운동장을 갖춘 표준 설계 학교 세 곳의 학생 대상 설문조사와 학생 및 교사 대상 인터뷰를 통해 이루어졌다.

따라서 이 연구는 운동장 없는 학교에 다니는 학생들이 장소성을 개발하는 방식을 다루면서, 운동장 없는 학교에서의 정서적·사회적 측면의 중요성을 분석한다. 더불어, 교사들 간에 논의된, 학생들에게 끼치는 두드러진 영향을 다룬다. 학교가 단순히 학습이 행해지는 장소를 넘어 지적인 성장과 사회적 발달, 정서적 성숙의 장이라는 사실을 받아들인다면, 대체 공간들로는 해결할 길이 없는 발달 관련 문제들이 중요한 기준과 바른 방향을 잡는 작업을 바탕으로 해결되어야 한다는 사실도 받아들여야 한다. 외부 공간의 양과 디자인이 아이들의 장소성 구축을 어렵게 한다면, 우리는 적절한 공간계획으로 공간 부족 문제를 완화할 수 있을 것이라는 가정을 바탕으로 교육당국이 아동 발달에 필요한 공간 제공의 방향을 찾을 것이라 기대한다. 초등학교 세팅에서 실외 운동장이 사라지고 있는 상황에서, 실외 공간의 박탈이 초래한 문제점들을 진단하고 대안적인 방법들을 통해 아이들의 대안적 장소 애착을 형성할 수 있도록 하는 가능성의 모색은 더 우수한 교육 정책을 향해 내딛는 의미 있는 진일보가 될 수 있다.

이 연구는 한정된 공간을 가진 학교 아홉 곳(운동장 없는 학교 세 곳(Fig. 7.3), 최소 규모의 운동장을 갖춘 학교 세 곳(Fig. 7.4), 대체 실외 공간을 갖춘 학교 세 곳(Fig. 7.5))을 대상으로 한다. 그리고 이 새로운 시도가 반영된 학교들을 표준 설계에 기반한 정규 운동장을 갖춘 전통적인 학교 세 곳(Fig. 7.2)과 비교했다.[2]

아이들이 운동장을 빼앗기며 일상 활동이 결여되면, 아이들의 정상적

---

2 학교에 대한 수요가 많던 기간(1962~1992)에 대량 공급 방식으로 지어진 표준형 초등학교: 단일유형(single-type) 교실들을 이어주는 편복도로로 이루어진 콘크리트 구조물이 이 타입의 학교를 대표할 수 있다. 이런 학교들은 교육시설 관련 기준이 요구하는 새로운 기준을 충족시키고 사회적 변화를 반영하기 위해 주요 공간을 추가하고 리모델링하는 과정을 거쳤다.

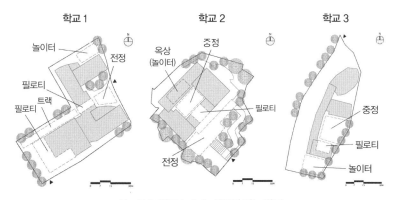

Fig. 7.3 학교 1, 2, 3: 운동장 없는 학교

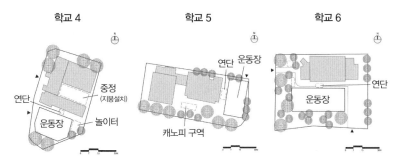

Fig. 7.4 학교 4, 5, 6: 최소 규모의 운동장을 갖춘 학교

인 발달단계를 포함하여 단순한 신체 발달보다 훨씬 더 큰 영향을 받을 수도 있는 정서적 측면에 때때로 부정적인 영향이 있을 수 있다는 게 밝혀졌다. 사례연구 대상이 된 학교들은 학교 운동장으로 여길 만한 대규모 실외 운동장을 갖추고 있지 않았다. 대신에 그 학교들에는 대안적인 실외 공간으로서 옥상(rooftop), 필로티 공간, 중정, 전정이 있었고, 모든 학교가 체육교육을 위한 대체공간으로 체육관을 갖추고 있었다. 학교들의 조밀한 실외 공간에 비해, 실내 공간은 복도 너비나 실내 공용 공간

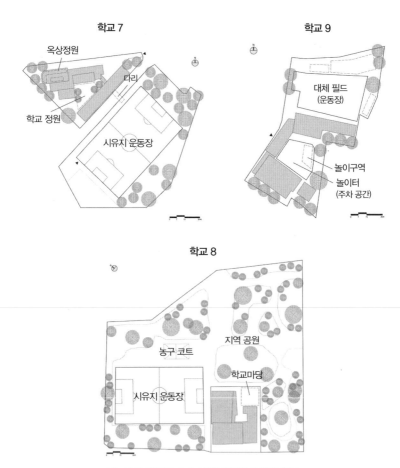

학교 7

옥상정원

다리

학교 정원

시유지 운동장

학교 9

대체 필드
(운동장)

놀이구역
놀이터
(주차 공간)

학교 8

농구 코트

지역 공원

학교마당

시유지 운동장

Fig. 7.5 학교 7, 8, 9: 대체 운동장을 갖춘 학교

의 크기가 상대적으로 넉넉하였다. 이러한 상황은 학생들이 건물 내에서 보내는 시간을 증가시켰고 일상 행동 패턴을 바꿔 놓았다.

학생 대상 설문과 인터뷰는 학생들의 장소성에 운동장이 끼치는 영향을 파악하는 것을 목표로 한다. 학생들에게는 좋아하는 구체적인 장

TABLE. 7.1 학생들에게 제시한 문항 리스트

학교에서 좋아하는 장소는 어디인기요?

휴식시간에 가고 싶은 장소는 어디인가요?

휴식시간에 머무르고 싶은 장소에 가는 것이 가능한가요?

휴식시간에 실제로 가는 곳은 어디인가요?

거기에 누구와 같이 가나요?(공간의 사회적 측면)

휴식시간에 거기에서 무엇을 하나요?(행동)

학교에서 제일 중요한 장소는 어디인가요?

다니는 학교의 특별한 점은 무엇인가요?

(전학생인 경우) 과거에 다닌 다른 학교들과 비교하면 이 학교는 어떤가요?

지금 다니는 학교에 운동장이 생긴다면 무엇을 하고 싶나요?

학교 외부의 공간에 머무르는 시간이 하루에 보통 얼마나 되나요?(체육시간 제외)

다니고 싶은 학교의 모습을 그리세요.

소와 휴식시간에 가고 싶은 장소(좋아하는 장소와 동일한 곳일 수도 있고 학교 방침이나 상황 탓에 다른 곳일 수도 있다), 휴식시간에 이용하는 장소, 홀로 또는 함께 하는 전형적인 활동, 그리고 그곳에서 하고 싶은 행동에 대해 물었다(Table 7.1). 분석 자료에는 학생들이 교내에서 좋아하는 장소를 그린 스케치, 좋아하는 장소에 대한 묘사, 휴식시간에 가고 싶은 장소에 대한 서술이 포함됐다. 더불어, 이 자료 분석을 통해 학생들의 장소 이용 패턴의 사회적 측면과 이용 빈도 파악과 함께 그 장소들의 상대적 중요성을 해석했다. 이 분석의 주안점은 실외 공간이 결여된 학교 환경에서 아이들이 구축하는 장소성의 특징이다.

먼저, 이 연구는 학생들이 좋아하는 장소가 실내인지 실외인지를 명확하게 밝히는 것을 목표로 하였다. 아이들의 장소 애착은 실외 공간에서 형성되는 경향이 있다는 사실과 관련해, 이 연구는 실외 공간이 한정된 상황에서도 아이들의 장소성이 실외에서 일관성 있게 구축되는지를 다루었다. 특정 발달단계에 속한 아이들은 호기심을 자극하는 자연현상

Fig. 7.6 학교 1: 수업시간 중의 중정과 휴식시간 중의 복도

에 애착을 갖는 경향이 있다는 사실 때문이었다. 이 질문을 통해, 특정 조건 아래 아이들의 장소성이 건물 내부에서 형성될 수 있다면, 아이들이 언급한 특정 조건들을 적용한 방향으로 아이들의 장소 애착을 끌어낼 실내 세팅 설계라는 의미 있는 진일보가 가능할 수도 있다. 실제로, 한정된 실외 공간의 효율적 활용을 위해 학생들을 그룹별 로테이션으로 공간을 이용하게 하는 학교 방침 때문에, 대부분의 아이들은 휴식시간 동안 건물 내부에서 시간을 보낸다고 응답했다. 이런 상황 때문에 개별 학생들이 휴식시간에 이용하고 싶어 하는 장소는 실내 공간으로 바뀌는 경향이 있고, 이 경향은 학생들의 활동량이 줄어드는 것뿐 아니라 실외 공간에서의 다양한 발달단계의 기회가 줄어든다는 우려를 만들어낸다.

한정된 규모의 실외 공간을 갖춘 아홉 개 학교 사례연구를 통해, 아이들의 행동에 영향을 주는 제일 중요한 요인은 공간의 질이라는 게 밝혀졌다. 활용할 수 있는 운동장이 없는 학교의 경우, 세 학교가 비교되었다. 학교 1(Fig. 7.6)은 육상용 필드로 중앙의 중정(courtyard)과 전정, 옥상 형식의 대안적인 실외 공간을 활용했는데 이 학교에서의 서베이 결

Fig. 7.7 학교 2: 실외 공간(트랙/필로티 공간)과 실내 공간

과, 학생들이 휴식시간에 가고 싶은 장소로 언급한 곳은 중정이나 옥상
같은 실외 공간이 아니라 실내 공간이 많았다. 이것은 실외 공간의 질이
상대적으로 높고 휴식시간에 가고 싶은 공간으로 실외 공간을 선호하
는 학생의 수가 압도적으로 많은 학교 2(Fig. 7.7)와 비교했을 때 의미 있
는 대조를 보여 준다. 이것은 외부 공간의 질에 있어 큰 차이가 빚어낸
현상으로 해석할 수 있다. 후자의 학교의 경우, 잘 설계된 옥상 공간과
전정뿐 아니라 상대적으로 고밀도인 실내 공간과 관련하여 학교의 로
테이션 방침이 영향을 끼친 결과인 듯하다.

　질적 문제와 관련한 결과는 동일하게 운동장 없는 학교 카테고리에
속한 학교 3의 서베이로 뒷받침되는데 이 학교는 머물 곳도 없고 질도
낮은 협소한 외부 공간을 가지고 있다. 이 학교에서 학생들이 좋아하는
장소와 휴식시간에 가기 원하는 장소를 묻는 질문에 대한 답변으로 거
론된 공간은, 학교 1의 사례와 비슷하게, 실내 공간이 지배적이었다. 학
교 3의 경우, 중정은 주차 공간으로 이용되고 있고, 매력적 특징은 하나
도 없이 작은 스포츠용 공간을 제공하는 필로티 공간만 있을 뿐이다.

　실외 공간의 질이 그 장소에 대한 학생의 선호를 결정하는 요인이라는

게 드러나면서 질 높은 실외 공간을 갖춘 학교 학생들은 실외 공간에 대한 선호를 보여 준 반면, 질 낮은 실외 공간을 갖춘 다른 학교들은 외부 공간에 대한 관심을 전혀 보여 주지 않는다는 결론을 내릴 수 있었다.

Fig. 7.6에 보이듯, 학교 1의 실내 공간은 실외 공간과 비교하여 그리 나을 것이 없다. 실내 공간의 질과 별개로, 학생들이 휴식시간에 실내 공간을 선호하는 현상이 지배적인 것은 실외 공간이 학생들에게 별 매력이 없는 공간이라는 걸 의미한다. 한편, 학교 2의 경우(Fig. 7.7), 실내 공간의 질이 나쁘지 않은데 이 사실이 학생들이 휴식시간 중 선호장소로 선택하는 정도에 기여하지는 않았고, 북적거리는 실외 공간은 크기가 충분하지 않았음에도 상대적으로 양질의 공간인 이유로 여전히 선호되었다.

두 번째 질문은 학생들이 좋아하는 장소와 관련된 행동의 본질로, 아이들이 학교 환경에 속한 실외 공간을 넉넉히 누리지 못하는 상황에서, 좋아하는 장소에서의 행동에 대한 표현이 능동적(동적)인가 수동적(정적)인가, 사회적인가 개인적인가라는 질문을 통해 분석했다. 학생들의 응답을 분석해 볼 때, 학생들은 한정된 규모이긴 해도 사용 가능한 운동장이 확보된 경우조차도 휴식시간에 실내 공간을 선호하는 게 명백하다는 것이, 그리고 휴식시간에 가고 싶어 하는 장소는 학생들 각자의 상황에 따라 조정된다는 게 파악됐다(Table 7.2와 7.3). 분석 결과는 실외 공간이 압도적으로 넓은 학교, 실내 공간이 적절한 크기인 학교, 학생들이 휴식시간에 찾아가고 싶은 장소가 거의 없는 학교 등 학교마다 달랐다. 무엇보다도, 특별한 관심이 요구되는 학교는 많은 학생이 마땅히 갈 곳이 없는 듯 보이거나 특정 장소에 대한 호기심을 전혀 보이지 않는 학교들이다. 이와 관련해, 교내 장소에서 개인적으로 하는 활동에 대한 응

TABLE. 7.2 실내/실외의 관점에서 파악한 개별 학교의 공간 이용

범주	학교	참가자 수	학생당 평균 실외 공간 (m²)	학생당 평균 실내 공간 (m²)	학교에서 좋아하는 장소		휴식시간에 선호하는 공간		휴식시간에 실제 이용하는 공간		휴식시간에 가는 장소 없음 (%)
					실외(%)	실내(%)	실외(%)	실내(%)	실외(%)	실내(%)	
운동장 없는 학교	1	28	4.8	13.1	53.5	50.0	17.8	64.2	0.0	100.0	42.8
	2	39	1.5	7.5	71.7	33.3	58.9	33.3	33.3	74.3	7.6
	3	28	5.8	14.3	35.7	64.2	35.7	53.5	32.1	67.8	17.8
최소 규모 운동장을 갖춘 학교	4	34	1.6	11.7	17.6	82.3	20.5	61.7	8.8	73.5	17.6
	5	26	1.4	21.4	42.3	57.6	42.3	65.3	15.3	76.9	7.6
	6	26	2.4	15.7	7.6	92.3	15.3	80.7	30.7	69.2	3.8
대체 운동장을 가진 학교	7	27	10.4	13.1	55.5	40.7	37.0	25.9	7.4	77.7	37.0
	8	26	8.9	8.6	15.3	84.6	42.3	46.1	42.3	57.6	15.3
	9	28	5.6	13.5	28.5	78.5	10.7	82.1	35.7	60.7	10.7
정규 운동장을 갖춘 학교	10	36	7.9	5.6	25.0	86.1	30.5	50.0	2.7	77.7	16.6
	11	30	3.9	–	30.0	70.0	16.6	36.6	3.3	70.0	46.6
	13	31	6.5	12.0	35.4	67.7	22.5	54.8	0.0	48.3	12.9

TABLE. 7.3 실내/실외 범주에 따른 공간 이용

	학생당 평균 실외 공간 (m²)	학생당 평균 실내 공간 (m²)	교내 실외에서 보내는 평균 시간 (분)	학교에서 좋아하는 장소		휴식시간에 좋아하는 공간		휴식시간에 실제 이용하는 공간		휴식시간에 가는 장소 없음 (%)
				실외(%)	실내(%)	실외(%)	실내(%)	실외(%)	실내(%)	
운동장 없는 학교	4.0	11.6	20.0	53.6	49.2	37.5	50.4	21.8	80.7	22.8
최소 규모 운동장을 갖춘 학교	1.8	16.3	31.6	22.5	77.4	26.0	69.3	18.3	73.2	9.7
대체 운동장을 가진 학교	8.3	11.7	28.5	33.1	67.9	30.0	51.4	28.4	65.3	21.0
정규 운동장을 갖춘 학교	6.1	8.8	21.5	30.1	74.6	23.2	47.1	2.0	65.3	25.4

답에서 역동적인 활동과 관련된 표현이 전혀 등장하지 않는 경우에는 세심한 관심이 필요하다. 학교 1의 많은 학생이 휴식시간에 이용하는 공간에 대해 묻는 질문에 실외 공간을 전혀 꼽지 않았고, 휴식시간에 가고 싶은 장소를 묻는 질문에도 '집'이나 '교실'이라고 대답한 경우를 포함하여 장소에 대한 언급을 전혀 하지 않았다. 이것은 학교 세팅 내부에 학생들의 애착을 끌어낼 수 있는 장소가 전혀 존재하지 않는다는 것을 의미한다.

학생들이 휴식시간에 가고 싶은 장소를 분석한 결과를 보면, 자기 집을 언급한 학생들을 포함하여 42.9%의 학생이 장소에 대한 관심을 전혀 보이지 않았다(Table 7.2). 더불어, 휴식시간에 가고 싶은 장소에서 하고 싶은 활동과 관련한 응답의 경우는 21.4%(Table 7.4)라는 낮은 반응이 나와 실내와 실외 공간 모두 질이 상대적으로 열악한 학교 1의 학생들이 정서적으로 무기력한 것은 아닌지 의심하게 만들었다. 이 결과는 학교 환경 내부에 매력적인 공간이 없으면 학생들이 학습된 무기력이나 우울감으로 이어질 수도 있다는 우려를 키운다. 회복이라는 좀 더 나아간 발달단계에서는 심미적 공간에서 하는 정적인 행동을 긍정적으로 인식할 만한 예외적인 사례가 있다고는 하지만, 아이들이 그런 행동을 상대적으로 부정적 태도로 언급할 경우, 이는 우울감의 신호일 수도 있다. 이런 상황은 신체적 활동을 통한 사회화가 예상되는 아이들의 특별한 발달시기를 위한 공간으로서의 학교 환경의 본질에서 기인한다.

부정적 현상을 보여 주는 학교들은 과밀(density)을 통제하려는 학교 방침 때문에 가고 싶은 장소를 선택하는 자율권을 빼앗기는 상황과 관련이 있을 수도 있다. 학교 1의 한 선생님은 이렇게 얘기하였다. "아이들은 맨땅을 밟을 기회가 없어요. 요즘에는 주거단지에 있는 놀이터에도

TABLE. 7.4 발달단계에 바탕을 두고 분류한 공간 이용

범주	학교	실외 체류 시간(분)	활동 관련 표현(%)	사회적 측면			기능적 측면		심미적 측면
				사회적 표현(%)	실외/사회적(%)	운동장 관련 사회적(%)	실외(%)	실내(%)	정적/실외(%)
운동장 없는 학교	1	19.8	21.4	64.3	28.6	–	32.1	10.7	0
	2	15.6	66.7	89.7	69.2	25.6	61.5	15.4	7.7
	3	24.8	42.9	85.7	28.6	7.1	32.1	21.4	0
최소 규모 운동장을 갖춘 학교	4	35.0	55.9	73.5	14.7	0	11.7	50.0	2.9
	5	40.0	53.8	76.9	42.3	61.5	23.1	57.7	15.4
	6	20.0	53.8	80.8	11.5	65.4	3.8	65.4	7.7
대체 운동장을 가진 학교	7	21.0	37.0	92.6	51.9	0	29.6	3.7	29.6
	8	35.0	65.4	80.8	23.1	65.4	19.2	23.1	0
	9	29.4	0.25	82.1	29.6	0	21.4	32.1	0

모래가 깔려 있지 않아요. 모래가 최선은 아닐지도 모르지만, 그게 땅을 밟아볼 수 있는 유일한 기회이기는 하죠." 운동장 없는 학교(학교 2)의 다른 선생님은 이 상황을 상세히 설명했다. "우리 학교는 학생들이 한정된 공간을 고르게 공유할 수 있도록 학급과 학년을 로테이션 시켜요. 아이들에게 일주일에 두 번은 지정된 공간사용이 허용돼요. 아이들이 일부러 구석진 곳을 찾아가지 않는 한, 우리는 아이들 전원을 감독할 수 있죠. 교내의 모든 공간에는 나름의 규제가 있고, 학생들 모두 그 사실을 알고 있어요."

다음 질문은 장소 애착의 관점에서 이러한 학교 아이들의 발달단계 이행에 대한 것이다. 아이들의 애착은 사람에게서 물리적 공간으로, 더 구체적으로는 발달단계에 부합하는 사회적 장소에서 기능적 장소로 옮겨간다는 것을, 그리고 청소년기로 이행하면서 심미적 장소와 가상의 장소로 옮겨간다는 것을 앞서 언급한 바 있다.

사회화의 장소는 발달 이행과 관련된 애착이론에 기반해 볼 때 장소성의 첫 단계로 여겨진다. 이 연구에서는 한정된 운동장을 가진 학교에서 아이들의 장소성의 양상이 어떤 변화를 겪는지 살펴보았다. 학교의 운동장은 전통적인 학교 세팅 내에서—능동적이든 수동적이든—아이들의 사회화뿐 아니라 사적인 회복 행동(restorative behavior)이 예상되는 강력한 어린 시절의 장소이기 때문이다.

학생들의 반응을 꼼꼼하게 해석해 보면 운동장 없는 학교에서는 사회화가 상당히 중요한 이슈라는 것이 발견됐다. 예를 들어, "좋아하는 장소로 함께 가는 사람은 누구인가요?"라는 질문은 공식적인 집단 전체가 어떤 장소로 이동하거나 혼자서 그 장소를 찾을 때 사회적 측면과는 전혀 관계가 없는 것으로 해석된다. 아이들의 응답이 본질적으로 소집단

활동과 관련될 때, 공간을 함께 사용한 친구에 대한 언급이 전혀 없을지라도 그 응답은 사회화 범주에 속하는 것으로 해석된다. 이 프로세스를 통해, 실외 공간이 한정된 학교 환경에서 사회화 문제는 아동 발달을 위한 장소성에서 가장 중요한 이슈인 것으로 밝혀졌다. 특히, "운동장이 있다면 무엇을 하고 싶나요?"라는 질문은 사회화의 관점에서 제일 중요한 질문이었다. 교내 실외 공간의 규모가 최소 수준이어도 다른 학생들과 게임이나 활동 기회는 제공할 수 있지만, 운동장 없는 학교를 다니는 많은 학생은 구체적인 활동에 대한 언급 없이 "친구들과 놀면서 뛰어다니고 싶다."고 대답했다. 우리는 "그냥 뛰어다니고 싶어요."나 "점프하고 싶어요."라는 응답에, 특히 노는 법을 잊은 학생 집단을 나타내는 "모르겠어요."라는 표현에 특별한 관심을 기울일 필요가 있다. 이런 응답은 친구들과 어울리는 사회성의 발달 기회가 상대적으로 적은, 운동장 없는 학교를 다니는 학생들의 발달단계에 핵심적인 요소가 결여된 것으로 해석할 수 있다.

선생님 대상 인터뷰를 통해, 조사대상 학교들은 중정과 옥상 정원, 필로티 공간처럼 운동장 대체 공간으로 마련된 다양한 공간을 특정한 날 특정 학년만 이용하도록 하는 학교 방침을 준수해야 하며, 따라서 학생들 자신의 의지나 느낌에 따른 선택권은 전혀 없다는 게 밝혀졌다. 최소 규모 운동장을 갖춘 학교의 어느 선생님은 이렇게 말했다. "남자아이들은 공간이 너무 비좁아 자유로이 운동경기를 할 수 없어서 속상해하고, 여자아이들은 운동장에서의 활동에 합류하려고 들다가 공에 맞는 일이 생길까봐 그런 시도조차 할 수 없어요." "일주일에 한 번씩 각 학년의 학생들에게 옥상이나 중정 같은 지정된 공간에서 노는 것이 허용돼요. 아이들은 일주일에 두 번 놀 수 있어요. 언제 어디에서 놀아도 되는지, 수

업이 진행되는 때는 언제인지 학교 방침을 전교생이 잘 알고 있어요."(학교 2의 선생님)

내부 규정에 따라 교내 공간을 순번대로 이용하도록 허용되었음에도 불구하고, 이 공간들은 취약한 권력 투쟁의 장이 될 가능성이 있다. 그리고 놀이구역의 부족은 특정 집단이 점거한 장소 내 분리현상으로 진화한다. 한 여자아이는 이렇게 설명했다. "이 발코니는 여자아이들만의 구역이에요. 우리는 여기서 수다를 떨어요. 남자애들이 복도에서 노는 동안 우리는 여기에서 놀아요. 체육관은 괜찮지만 운동장은 점심 먹고 나서 축구하는 남자애들 차지고, 우리는 쓸 수가 없어요. 우리가 거기에 끼어들면 운동장이 너무 좁아지면서 축구를 하기가 힘들어질 테니까요."

이 연구에서는 학교 환경에 대한 애착이 기능적 측면인지 심미적 측면인지 구별하기 위해, 이용 패턴 또한 분석되었다(Table 7.4). 학생들이 장소성을 형성하는 공간에서의 행동 특성상 해당 행동이 정적인지 동적인지를 분석하는 것이 핵심이었다. 아이들이 좋아하는 장소로 꼽는 곳이 동적 활동의 기능적 장소만은 아니며 그곳은 발달단계가 가장 앞선 학생들에게는 정적인 활동이 기대되는 장소이기도 하다는 사실을 앞 장에서 밝힌 바 있다. 이 공간 또한 스트레스를 받은 아이에게 정서적 회복을 위한 필수적인 공간이 될 수도 있다. 장소 애착의 관점에서 가장 낮은 발달단계는 기능적인 장소이며, 발달 측면에서 최소한의 진전은 친구들과 관계를 강조하는 사회화의 장소이다. Table 7.4는 학생들의 예상 행동과 장소 선호의 관점에서 각 학교의 답변에 대한 분석을 보여 준다. 이 분석은 발달 이행과 관련한 장소 애착이 장소의 질, 그리고 학교 환경 내 공간의 특징과 무관하지 않다는 걸 뚜렷이 보여 준다.

운동장 없는 학교들 중에서, 학교 2는 실외 공간에 대한 전반적인 선호도가 현저하게 높은 비율을 보여 주었다. 학생들이 휴식시간에 가고 싶은 장소로 꼽은 실외 공간 비율(60% 정도)과 사회적 표현이 동반된 동적 행동 비율(66% 이상)이 높아 다른 학교들과 뚜렷하게 차별화되면서 특별히 주목하게 한다(Table 7.2). 흥미로운 점은 이 학교의 학생 1인당 실내 공간과 실외 공간이 다른 학교들에 비해 최악이라는 것이다. 그럼에도, 학생들은 공간이 절대적으로 부족한 경우에조차 실외 공간을 선호했는데, 이것은 연구대상 다른 학교의 경우 30% 정도에만 해당하는 사례였다. 실외 공간의 사용비율이 다른 학교들에 비해 훨씬 높다는 것은 주목할 만하다(Table 7.2). 이것은 다양한 종류의 외부 공간을 제공하고 공간의 질을 개선한 결과로 해석할 수 있다. 이 결과는 휴식시간에 어딘가로 가고 싶어 하는 학생도 적고 실외로 나가는 동적 활동을 표현한 학생의 수가 가장 적은 학교 1과 좋은 비교가 될 수 있다. 이 결과들은 "다니는 학교에 운동장이 있다면 무엇을 하고 싶은가요?"라는 질문에서 학교 2에서만 사회성 표현이 더 많이 보였다는 사실과 특히 관련이 있는데(Table 7.1) 이 질문은 사회성 발달 관점에서 분석하기 위한 질문이었다. 최소 규모의 운동장만 갖춘 다른 학교들(Fig. 7.8)은 동적 실내 활동의 비율이 높고, 회복 행동과 관련된 빈둥거리기와 혼자 즐기기 같은 심미적 장소에서의 정적 행동 관련 비율이 매우 낮은 경향을 보여 주었다.

학교들 중 공들여 가꾼 정원이 있는 학교 7(Fig. 7.9)은 학생들이 대체적으로 실외 공간을 선호하는 경향을 보였다. 학교 7의 경우, 브리지를 통해 학교와 연결되는 시유지(市有地) 운동장을 대체 운동장으로 확보하면서 기존의 퇴락해가는 동네 한복판에 위치한 학교의 외부 공간을 품위 있는 학교 정원으로 꾸몄다. 심미적인 정적 외부 공간을 좋아하게 되는

Fig. 7.8 학교 4: 중정

것이 아동 발달단계상 진전을 이룰 좋은 기회로 작동되어, 다른 학교 학생들에 비해 정서적 발달을 진작시키는 방향으로 이어질 거라는 추론이 가능하다. 질 좋은 근린공원을 운동장 대체공간으로 확보한 학교 8과 비교하면, 학교 7의 실외공간 이용 빈도는 상대적으로 제한돼 있고 동적 활동 관련 표현은 학교 8에 비해 약했다(Fig. 7.10). 이것은 제공된 대체 실외 공간의 특징이 아이들의 행동과 반드시 일관성이 있는 것은 아니라는 사실을 보여 준다. 학교 7의 대체 실외 공간은 운동경기용 필드인 반면, 학교 8에 이웃한 근린공원은 정적 공간이다. 하지만, 학교 8에서 언급된 활동은 더 동적이고, 학생들이 휴식시간에 실제로 실외 공간을 이용하는 비율도 더 뚜렷이 높았다(Table 7.2). 학생들의 질 좋은 실외 공간에 대한 기대는 일관성이 있고, 학생들에게 제공된 대체 공간은 교내에 있는 실외 공간만큼 중요하다는 것을 의미한다. 이런 경향은 정규 운동장을 갖춘 표준형 학교와 비교했을 때도 일관되게 나타났다. 이 학교들은 그다지 매력적이지 않았고 그런 학교는, 준수한 학교 정원을 갖춘 학교 7뿐 아니라 대체 운동장으로 활용되는 근린공원을 옆에 둔 학

Fig. 7.9 학교 7: 학교 정원과 학교 외부의 운동장

Fig. 7.10 학교 8: 학교 마당과 학교 옆에 있는 커뮤니티 파크

교 8과 비교할 때, 실외 공간에 대한 선호도가 낮았다. 이 결과는 학교에서 임대만 가능하면서 양적 측면과 근접성 측면에서 활용할 수 있는 운동장이 있다는 사실만으로는 충족시킬 수 없는 무엇인가가 있다는 추론을 가능하게 만든다. 이로써 학교 실외 공간의 질, 그리고 대체 공간으로서의 외부 공간의 질 모두가 아이들의 장소성에 중요하다는 결론이 가능하다.

학교 7에서 학생들의 실외 공간에의 선호도가 확연하게 높고, 좋아하는 장소에서 정적 활동 비율이 높은 것은 주목할 만한 현상이다. 이 학교는 교내 정원의 질이 상대적으로 높지만 학교와 브리지로 연결된 대체 운동장은 기능적이기는 해도 장소의 질이 낮은 곳이었다. 이것은 앞선 발달단계에 있는 아이들민이, 학교 실외 공간의 질이 충분히 좋을 때, 교내에서 정적인 실외 활동을 즐기는 경향이 있다는 뜻이다. 아이들의 발달단계에서 정적 활동이 더 진전된 발달을 대변한다는 사실에 기대어 보면,[3] 학교 7의 공들여 꾸민 실외 정원(Figure 7.9)은 초등학생들이 겪는 발달을 가속화시킬 가능성이 더 크다는 것이다. 그리고 학교와 연결된 기능적 실외 장소의 존재 여부와는 별개로, 질 좋은 학교 환경을 구비한 학교 7에서 본 연구 조사대상 다른 학교들에서는 찾아볼 수 없었던 정서적 속성이 발견된 듯하다.

그렇다면 장소 이용과 애착, 그리고 이런 종류의 학교 세팅에서 영향을 받는 학생들의 발달 수준 사이의 상관관계는 어떨까? 앞 장에서, 아이들의 발달 수준은 그들이 선호하는 장소의 본질과 밀접한 관련이 있다는 걸 알게 됐다. 아이들이 좋아하는 장소의 심미적 특징을 통해 아이들의 앞선 발달단계가 대변될 수 있는 반면, 아이들의 발달 수준이 뒤처졌을 때 아이들이 선호하는 장소는 그 장소의 기능적 성격과 더 관련이 있다는 것이다.

이 연구에서 제기한 다음 질문은 빈번한 이용과 장소 애착 사이의 관계다. 앞에서 우리는 어린 시절의 장소성이 그 장소의 이용 빈도 및 지속된 이용 시간과 밀접한 관계가 있다는 걸 알게 되었다.[4] 자주 이용할 때 애착으로 이어지는 경향이 있다는 것인데 이 이슈는 제한적으로만

---

3 J.C. Malinowski and C.A. Thurber, "Developmental shifts in the place preferences of boys aged 8-16 years," *Journal of Environmental Psychology* 16(1996): 45-54.

4 Byungho Min and Jongmin Lee, "Children's neighborhood place as a psychological and behavioral domain," *Journal of Environmental Psychology* 26.1(2006): 51-71.

접근할 수 있는 학교 환경을 다루는 연구에 많은 것을 시사한다. 한정된 실외 공간을 가진 학교 환경에 이 이론을 적용하는 방법을 찾기 위해, 이 연구는 연구대상 학교들 내 실외 공간의 장소성과 그곳에서 보내는 시간 사이의 관계를 규명하려고 시도했다. 실외에서 보내는 평균 시간(Table 7.3)을 순서대로 나열하면 최소 규모의 운동장을 가진 학교, 대체 공간을 가진 학교, 운동장 없는 학교 순이다. 이 결과는 학생들이 실외에 머무는 시간을 허용하기 위해 학교 환경 내부에 접근 가능한 일정량 이상의 실외 공간을 확보할 필요가 있다는 사실을 설명한다. 하지만 실외 공간을 이용하는 시간 증가를 보여 주는 이 연구결과가 이전에 보고됐던 연구들과 반드시 일치하지는 않는다는 사실과 이용시간의 증가가 결과적으로 아이들이 해당 공간에 대한 장소성을 구축할 가능성을 담보하지 않는다는 사실에 주목해야 한다.

학생들이 휴식시간에 가고 싶어 하는 공간을 알아본 결과, 실외 공간을 좋아하는 순서는 완전히 뒤집혔다. 운동장 없는 학교의 실외 공간 선호순위가 제일 높았고, 대체 공간을 가진 학교가 그 뒤를 차지했으며, 최소 규모의 운동장을 갖춘 학교의 순위가 제일 낮았다(Table 7.3). 이 결과는 장소성 구축이, 학생들이 그곳에서 보내는 시간의 양과는 별개로, 실외에서 민감하게 진행되는 독특한 과정이라는 걸 확인해 준다. 다시 말해, 운동장 없는 학교에서 외부 공간의 결핍은 실내 공간의 이용 시간과 이용 빈도를 증가시켰을지언정, 실외에서 놀고픈 학생들의 욕망은 강렬하게 남거나 증폭된다는 것이다. Table 7.3의 "휴식시간 동안 실제로 이용한 공간" 범주에서 보듯, 실내 공간에서 보내는 시간의 양은 운동장 없는 학교, 최소 규모의 운동장을 갖춘 학교, 대체 공간이 있는 학교 순서인 바, 이는 실내 공간의 빈번한 이용이 실외에 있는 장소에 대한 애착을 덮을 수는 없다는 사실을 확인해주며 휴식시간 동안 대안으로 제공된 실내 공간은 실외 공간처럼 기능하지는 못한다는 사실을 설명해 준다.

운동장 없는 학교와 공간의 질이 좀 낮은 최소 규모의 운동장을 갖춘 학교를 대상으로 한 조사 결과들을 비교해보면 특별히 유용한 정보를 얻을 수 있다. 학생들에게 좋아하는 장소와 휴식시간에 가고 싶은 장소에 대해 물었을 때, 최소 규모의 운동장을 갖춘 학교들은 상대적으로 넉넉한 실외 공간을 확보하고 있다는 사실에도 불구하고 선호도에서 실외보다 실내 공간이 압도적으로 높았다. 선택된 실내 공간이 대부분 활발한 활동보다는 개인적이고 대화 정도의 정적 활동과 관련하여 언급됐다는 사실은, 언급된 실내 공간이 활발한 활동을 허락하는 외부 운동장을 대체해 줄 장소가 아니라는 것을 드러낸다. 이 결과는 운동장 없는 학교들의 현실을 대변하는데, 외부 공간이 부족하면 아이들의 공간 이용 패턴이 바뀐다는 사실을 드러낸 것이다. 실내에 뛰어놀 만한 공간이 있을지라도, 그 공간은 자연현상을 가진 실외 공간을 대체하지 못하였다. 대신, 실내 공간은 시끄럽고 제한된 공간, 불쾌감, 자연광의 부족 같은 특징을 가지며, 바로 이 점이 이 공간에서 아이들의 장소성 구축을 저해하는 듯 보이는 상황을 설명해준다.

이와 더불어, 놀이의 여성화 경향이 새롭게 발견됐다. 비좁은 공간에 머무르면서 여러 가지 행동에 제한받는 학생들은 무리를 지어 수다를 떨거나 닌텐도 게임 같은 대안적인 게임들로 방향을 돌리기 시작했다. "구석에 앉을 기회가 생기면 장비를 갖고 게임을 해요."(최소 규모의 운동장을 갖춘 학교의 남학생), "그냥 수다 떨어요. 어디에서 놀지 이미 알고 있어요.", "휴식시간이 굉장히 짧아서 우리는 교실에 머물러요."

운동장 없는 학교에 다니는 한 남학생은 이런 상황을 자세히 설명했다.

"비좁은 공간이 문제예요. 우리가 축구나 야구처럼 조금이라도 거친 놀이를 할 때 문제가 되어 버려요. 지난번 사고가 나기 전까지는 그렇게 놀아도 상관없었어요. 우리가 공을 놓쳤는데, 그 공이 우연히 지나가는 차에 맞으면서 공이 터져 버렸고, 그때부터 축구는 더 이상 허용이 안 돼요."

선생님의 의견도 비슷하다.

"운동장이 부족한 탓에 생긴 트렌드일 수 있어요. 아이들이 놀 장소가 없어요. 남자아이들이 고무줄놀이나 손바닥 마주치는 놀이를 하는데, 그건 전통적으로 여자아이들 용으로 분류되는 게임들이죠. 우리 학교 남자아이들은 여자아이들하고 공기놀이를 해요. 유행에 불과한 것일 수도 있지만, 학생들은 짧은 시간 동안 건물 내부에서 함께 노는 것이 효율적이라고 여기는 것 같아요."

이 연구에서 도출된 또 다른 결론은 교내에 특정 장소의 존재와 학교 환경 내 형성된 장소성은 학생들의 자부심 및 자존심과 관련이 있다는 것이다. 본 연구는 운동장을 대체한 공간에 대한 반응과 교내에 있는 실제 운동장에 대한 반응은 별개의 것이라는 사실을 보여 주었다. 달리 말해, 운동장은 학생들이 원하는 것을 할 공간을 제공하지 못하는 상황은 개별 학생들의 자부심과 관련이 있다는 것도, 학교 환경 내에 중요 장소가 없는 현실이 학생들로 하여금 주인의식을 통한 장소 애착을 가질 기회를 막아 버린다는 것도 밝혀졌다.

대체 운동장을 가진 학교의 한 선생님은 이렇게 말했다.

"학교 공간이 충분하지 않을 경우, 특정 학년 학생들만이 운동장에서 놀 수 있습니다. 예를 들어, 상급생들이 거친 스포츠를 할 때, 하급생들이 빠른 공에 맞는 위험에 처할 가능성이 있습니다. 그래서 우리는 학교 운동장에서 그런 게임을 허용하지 않습니다. 놀고는 싶은데 허락을 받지 못한 학생들은 동네에 있는 다른 학교를 찾아가 놀지요."

이런 실태는 결국 학생들이 느끼는 자부심에 영향을 끼친다. 운동장 없는 학교에 다니는 한 학생은 "우리 학교는 행사를 항상 다른 학교 운동장을 빌려서 열어요. 그런 행사를 우리 학교에서 열었으면 좋겠어요."라고 말했다. 정규 운동장을 가진 학교에 다니는 한 학생은 운동장 없는 학교에 대한 인상을 다음과 같이 나타냈다. "운동장 없는 학교는 운동장 있는 학교보다 후져요." 다른 학생의 의견도 비슷했다. "정말 불쌍해요. 그런 학교에 다니는 애들은 가여워요. 걔네들은 교실에만 처박혀 있을 테니까요." 학생들은 시설에 대한 소유권에 무척 민감하다. 운동장 대신 커뮤니티 공유 시설이 제공되는 학교에 다니는 한 학생은 이렇게 말했다. "우리 학교에 수영장이 있는 건 좋은 일이에요. 저 위에 있는 운동장이 우리 학교 것이 아닌 건 좋지 않은 일이고요."

학교 내 운동장을 비롯한 실외 공간이 부족한 현실은 학생들의 자존심에 상당한 영향을 주는 것으로 드러났다. 최소 규모의 운동장을 갖춘 학교와 시유지 운동장이나 근린공원 같은 대체 놀이터를 가진 학교를 포함시켜 학생 대상으로 학교의 특징과 개선 가능한 점에 대해 물었을 때, 압도적으로 많은 학생들이 운동장이 없다는 점을 꼽았다. 학생들이 그린 다니고 싶은 학교의 스케치는 운동장이 많았고, 그들이 다니는 학교의 특징을 묻는 질문에서 운동장은 지배적인 항목이었다. 이로써 아동 발달에 실로 중요한 실외 놀이 공간의 존재가 성장하는 아이들에게 열등감을 안겨줄 수도 있다는 게 밝혀졌다. 운동장 없는 학교를 다니는 학생들이 그들이 다니는 학교의 결핍을 그들 자신의 결핍으로 연계시키는 경향이 있다는 것은 놀라운 일이다. 이 결과는 학교 내 실외 공간은 신체활동만 이뤄지는 단순한 학습의 공간이 아니라는 걸 시사한다. 학교의 실외 공간은 장소성과 관련된 다양한 속성이 한데 어우러지는 특별한 장소로 인식되어야 한다는 것을 확인시켜주는, 개인의 정서 발달과 자존심 형성, 사회적 집단 구성을 위해 필수불가결한 장소인 것이다.

7.2 커뮤니티 공유 학교의 장소성: 네덜란드의 브리드 스쿨 사례

1990년대 초, 네덜란드 정부는 커뮤니티 학교(community school) 개념을 적극적으로 채택하기 시작했다. 네덜란드는 이 개념을 제일 성공적으로 실행에 옮긴 나라에 속하는데 이 커뮤니티 공유 학교들은 '브리드 스쿨(Brede School, Broad School로 번역된다. 이하 브리드 스쿨)'이라 불린다. 커뮤니티 학교는 가정과 사회의 커뮤니티에 기여하면서 학습하고 성장하는 장소로서의 학교를 만든다고 알려져 있다. 그렇지만 커뮤니티와 학교 환경을 통합시키기 위해 필요한 환경적 측면들은 학교 연구에서 충분히 다뤄지지 않았다. 네덜란드 아이들의 의무 취학연령은 5살로, 아이들은 유치원 2년을 포함해 동일한 학교에서 8년의 초등교육을 의무적으로 이수한다. 학교 시설의 배치와 운영은 학교 이용사의 일상생활과 물리적 환경의 효율성을 조율하는데에 있어 무척 중요하다. 네덜란드의 커뮤니티 공유 학교는 다른 나라의 학교에 비해 개별 아동의 발달에 훨씬 더 큰 영향을 끼칠 것이다. 그러한 시설에 다니는 아이들은, 다른 나라의 정규 학교에 다니는 아이들에 비해, 무척 어린 나이부터 청소년기까지 동일한 공간적 세팅의 영향을 받을 것이기 때문이다.

다양한 교육관과 종교, 그리고 학교 선택의 자유에 기반하여 네덜란드 학교들은 몬테소리(Montessori)와 달튼(Dalton), 발도르프(Waldorf), 예나 플랜(Jena plan) 같은 교육철학과 로마가톨릭, 개신교, 이슬람, 무(無)종교 공립학교 등 자체의 종교적 조합을 실행하는 소규모 기관의 성향을 보인다. 여러 학교가 서로서로, 그리고 커뮤니티와도 시설을 공유하는 것은 네덜란드의 보편적인 상황이다. 초등교육의 최소 실외 공간은 학생 1인당 3제곱미터(m^2)이고 학교당 300제곱미터(m^2)이며, 운동장은 필수 시설이 아니다.[5] 그러므로 추가적인 시설을 유치하고자 하는 학교들은 이 시설들을 커뮤니티뿐 아니라 다른 학교 및 기관들과 공유한다는 전제 아래 짓고, 서로 다른 교육철학과 종교관을 지향하는 학교들이 불가피하게 공동의 시설을 공유하며 동일한 대지에, 때로는 동일한 건물 내에 지어지게 된다. 네덜란드 학교들이 처한 물리적 여건상 이런 특징은 공간공유 정책이 별다른 문제 없이 유지되도록 도운 셈이다. 하지만 시설 공유의 특정 양상들은 충분히 다뤄지지 않았다. 다양한 이해관계자의 철저한 논의보다는 특정 대지에 맞춘, 그리고 특정 상황에 맞춘 해

---

5 A. de Jong, et al., *Bouwbesluit 2012 Tekst &Toelichting, Berghauser*(Pont Publishing, 2015).

법만이 존재해 왔기 때문이다.

브리드 스쿨의 확연한 인기에도 불구하고 네덜란드에서 아동 발달과 관련된 이슈는 아직 충분히 다뤄지지 않았다. 커뮤니티 학교와 관련된 아동 발달 이슈는 대개 가정과 커뮤니티 관계의 관점에서 사회적 자원에 초점이 맞추어져 있고 학생들의 학업 성취를 다룬 연구가 압도적이다. 하지만 브리드 스쿨 이용자의 넓은 스펙트럼과 무관하게 아이들이야말로 학교 사용자들 중 가장 중심이 되는 주체이고, 발달과정 8년간 학교 세팅의 기능적 효율이라는 이슈와 연계하여 기관들 사이의 갈등에 제일 심각한 영향을 받는 대상이다.

서로 다른 브리드 스쿨 세팅 다섯 곳을 다룬 이 사례연구에서는 아동 발달에 끼치는 이러한 세팅의 영향을 밝히기 위해 커뮤니티 공유 학교와 해당 커뮤니티 공간에서의 학생들의 체험을 분석했다. 학부모와 선생님, 학생을 포함 총 85명이 공간적 지식과 환경적 자신감(environmental confidence), 애착, 심리적 제약에 주목한 설문과 인터뷰, 원탁 토론에 참여했다.

연구에 사용한 방법은 하와이의 학교들을 대상으로 아이들이 그린 스케치에 기반한 연구와 유사했는데 아이들이 학교 환경을 어떻게 지각하고 교내 특정 장소에 어떻게 애착을 형성하는지를 드러내는 방식이다. 학생들은 환경에 대한 자신감이 있는 곳에서 공간지식이 더 탄탄했고 인지 발달에 긍정적 영향을 받았으며 발달이 가속화되었다. 아이들의 스케치는 개별 가이드 맵 상에 누락된 공간들과 공간 사이 경계를 표시한 지점을 기반으로 신중하게 분석되었다. Table 7.5는 아이들 대상 설문과 스케치, 인터뷰를 수행하기 위해 사용된 주요 질문 문항 리스트이다.

학생 대상 스케치와 설문의 주요 의도는 학생들이 커뮤니티와의 공유 다니는 학교를 그리세요.
학교의 경계를 표시하세요.
본인이 공부하는 교실을 표시해주세요.
제일 좋아하는 구역은 어디인가요? (스티커를 사용해주세요.) 왜 그곳을 좋아하나요? 거기에서 무슨 행동을 하나요?
다니는 학교 안에 어떤 종류의 커뮤니티 시설이 있는지 아나요?
학교를 방문한 손님에게 커뮤니티 공간을 포함한 교내의 모든 곳을 안내할 수 있나요?
선생님이 어떤 공간에 가는 것을 막은 적이 있나요? 그 이유를 아나요?
가장 자주 사용하는 커뮤니티 공간은 무엇인가요? 그 공간의 용도는 무엇인가요?
만나고 싶지 않은 낯선 사람을 학교에서 만난 적이 있나요?
학교를 어떻게 바꾸고 싶은가요?

공간을 어느정도 가짓수로 많이 인식하는지를, 그리고 해당공간의 위치와 기능, 이용 관련 방침을 포함한 학생들의 공간지식 수준을 알아보는 것이었다. 스케치에 좋아하는 장소, 학교의 공간 경계를 표시하도록 하여 학생들이 해당공간을 자신들의 학교로 여기는지 여부와 장소성을 형성할 수 있는지 여부가 밝혀질 것이라고 기대했다. 그러한 커뮤니티 공유 공간에 대한 객관적인 기술과 시각적 표현 외에도, 학교 가이드맵 상 해당 커뮤니티 공유 시설 포함 여부와 관계없이 학교 경계 내 특정한 지점들에 대한 애착을 확인할 수 있어 학교 가이드 맵을 통해 아이들의 학교 환경에 대한 애착 양상을 검토할 수 있었다.

학교 A는 가장 빽빽하게 통합된 단일학교 유형으로, 하루 종일 다양한 커뮤니티 공간에 말 그대로 에워싸여 있고, 일부 공간은 교육 공간 내 깊숙이 위치해 있다(Fig. 7.11). 학교 B는 또 하나의 다른 학교와 짝을 이루고 있는데, 두 학교는 두 층에 걸친 다양한 커뮤니티 시설을 잇는 거대한 중앙 통로에 의해 분리되어 있다(Fig. 7.12). 학교 C는 '킨드센트럼 (Kindcentrum)'으로 불리는 새로운 학교 유형을 위해 증축 겸 리모델링을

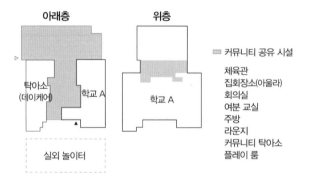

Fig. 7.11 학교 A

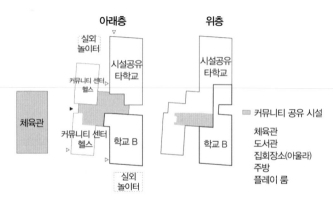

Fig. 7.12 학교 B

했다는 점에서 특별한 사례다. 킨드센트럼은 0세부터 취학연령을 포함, 시니어 커뮤니티(상징적으로는 100세)로까지 확장되는 네덜란드의 미래 학교 방향을 대표한다. 학교 C의 경우, 기존 학교 상부의 노인 주거시설 외에 탁아소와 커뮤니티 헬스 관련 다른 기관들이 포함돼 있다. 특수교육을 위한 신축학교도 복합건물에 포함되어 있다(Fig. 7.13). 학교 D는 옥외 커뮤니티 공간을 공식적으로 빌린 경우로, 학교가 통제하는 실내 공간

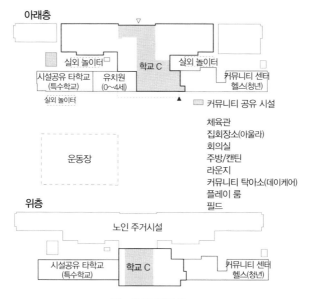

아래층

실외 놀이터

시설공유 타학교
(특수학교)

유치원
(0~4세)

학교 C

실외 놀이터

커뮤니티 센터
헬스(청년)

실외 놀이터

운동장

위층

노인 주거시설

시설공유 타학교
(특수학교)

학교 C

커뮤니티 센터
헬스(청년)

커뮤니티 공유 시설

체육관
집회장소(아울라)
회의실
주방/캔틴
라운지
커뮤니티 탁아소(데이케어)
플레이 룸
필드

Fig. 7.13 학교 C

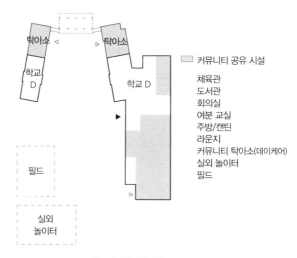

탁아소

탁아소

학교
D

학교 D

필드

실외
놀이터

커뮤니티 공유 시설

체육관
도서관
회의실
여분 교실
주방/캔틴
라운지
커뮤니티 탁아소(데이케어)
실외 놀이터
필드

Fig. 7.14 학교 D

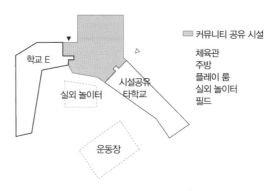

Fig. 7.15 학교 E

은 일과표를 조정해 가며 커뮤니티와 공유한다(Fig. 7.14). 학교 E는 양쪽 학교 건물을 연결해 주는 구역의 체육관, 주방, 플레이 룸 같은 몇 군데 실내 공간을 옆 학교와 공유한다(Fig. 7.15). 다섯 학교가 공유하는 전형적인 시설은, Table 7.6에서 보듯, 체육관과 도서관, 집회장소(네덜란드어로 아울라aula), 회의실, 여유 교실, 주방(캔틴), 라운지, 커뮤니티 탁아소(프리스쿨/데이케어), 플레이 룸(소형 체육관), 실외 놀이터, 필드이다.

  실외 공간은 각 학교의 맥락에 따라 유의미한 차이를 만든다. 학교 A는 학교 건물 앞에 황량한 느낌의 바닥이 포장된 놀이터를 두고 있는 반면(Fig. 7.16), 학교 D는 커뮤니티 공원을 공식적으로 빌려 학교 놀이터로 통합시켰고 학생들은 휴식 시간에 그 공간을 활발하게 이용한다(Fig. 7.17). 학교 B도 각 학교가 전용의 소규모 실외 공간을 갖고 있는 반면, 학교 E는 마주한 운동장을 옆 학교와 실외 놀이 공간으로 공유하고 있다. 학교 C의 작은 중정들은 학교 내 개별 공간에서 바로 접근 가능하다. 외부 공간 관련 학교별 소유방식의 다양성은 그런 실외 공간들에 대한 인식과 애착의 관점에서 흥미로운 결과를 드러냈다.

TABLE. 7.6 학교 내부에 있는 커뮤니티 공유 시설 리스트

학교	체육관	도서관	집회장소 (아울라)	화의실	여분 교실	주방 (캔틴)	라운지	커뮤니티 탁아소 (프리스쿨/데이케어)	플레이 룸 (소형 체육관)	실외 놀이터	필드	공유 공간의 개수
A	○		○	○	○	○	○	○	○			3
B	○	○	○			○			○			5
C	○		○	○		○	○	○	○		○	8
D	○	○		○	○	○	○	○		○	○	9
E	○					○			○	○	○	5

Fig. 7.16 학교 A의 실외 공간

Fig. 7.17 학교 D에 있는 공유 커뮤니티 파크

공유 공간에 대한 의식: 학교 환경에 대한 확신

학교 내 커뮤니티 공유 공간의 위치에 대한 확신을 가지고 용도 및 기능에 대하여 알고 있다는 것은 그 시설을 일상에서 이용하는 아이들의 공간 지식에 대한 척도일 수 있다. 학교 경계 내 공유 공간에 대한 뚜렷한 구분과 자유로운 접근방침은 학생들의 학교 환경에 대한 공간 지식과 확신에 큰 차이를 가져왔다(Table 7.7). 다섯 곳의 학교에서 커뮤니티 공유 공간 리스트와 관련해서 학생들이 내어 놓은 답변은, 실제 공간의 배치

TABLE. 7.7 학생들이 작성한 스케치와 설문지 분석

학교	공유 공간 리스트의 정확성	가이드 맵상 공유 공간의 구체적 지정	학교 경계 내 커뮤니티 공유 공간 포함	커뮤니티 공유 공간 내 선호장소 포함	학교 환경에 대한 확신	공간 통제 수준	해석 (공간 지식 수준)
A	높음	낮음	높음	높음	높음	높음	중간
B	낮음	낮음	낮음	낮음	낮음	낮음	낮음
C	높음	낮음	높음	높음	높음	높음	중간
D	낮음	높음	높음	높음	높음	낮음	높음
E	낮음	높음	높음	높음	높음	낮음	높음

와 공간에 대한 노출 정도 그리고 접근 통제가 학교 환경에 대한 공간지식과 확신정도를 가르는 핵심이라는 사실을 보여 주었다. 학생들에게 이 리스트에 대해 구체적으로 물었을 때 공유 공간에 대한 학생들의 지식은 제한적인 것으로 밝혀졌고, 학생들이 밝힌 공유 공간의 숫자를 세어보면 다섯 개 학교 평균인 일곱 개 공유 공간 중 세 곳에 못 미쳤다.

학생들은 처음에 그 공간들을 자신들의 학교에 속하지 않는다고 여기거나 상세한 기능과 공유방침을 아는 수준까지 그 공간들에 노출돼 있지 않은 것으로 간주되었다. 학생들이 그린 학교 가이드 맵은 그 공간들에 대한 학생들의 해석을 드러내게 된다. 어떤 특정 공간이 공유 공간 리스트에는 올라 있지만 가이드 맵에는 표시되지 않을 때, 그것은 학생들이 그 공간에 친숙하지 않고 그 공간에 대한 공간 지식이 충분히 형성되지 않았다고 해석 가능하다. 한편, 특정 장소가 커뮤니티 공유 공간으로 언급되지는 않지만 가이드 맵에는 잘 묘사될 때, 그곳은 친숙한 공간으로 꼽을 수 있고, 그 공간에 대한 공유방침에 대한 의식과 무관하게 공간지식이 높은 수준으로 형성돼 있다고 생각할 수 있다.

공유 공간이 학교 경계 내부에 위치했으나 학생들이 그린 가이드 맵에 구체적으로 등장하지도 않고 공유 공간 리스트에 올라 있지도 않을 때(학교 B), 그것은 해당 공간이 학생들에게 노출된 정도가 부족하거나 학생들이 그 공간에 무관심하다는 것을 시사한다(Table 7.8).

예를 들어, 학교 A에서는 50%에 해당하는 학생들이 플레이 룸을 언급했으면서도 가이드 맵 상에 플레이 룸의 위치를 표시하지 못했다. 이 경우는 학생들의 인지 지도에 플레이 룸에 대한 공간 지식이 형성되지 않았다는 걸 보여 준다. 한 학생(학교 A의 학생)은 설문지에 언급된 방을 가이드 맵에 그리지 않은 이유를 묻자 "늘 교실에 있기 때문에 다른 공간

TABLE. 7.8 학생 답변 기반 공간 지식의 유형 해석

학교	공유 공간 리스트상 포함 여부	가이드 맵상 묘사 여부	상당한 수준의 공간 지식 여부
A	예	아니오	아니오
B	아니오	아니오	아니오
C	예	아니오	아니오
D	아니오	예	예
E	아니오	예	예

에 대해서는 아는 게 없어요."라고 대답했다. 많은 학생이 인터뷰를 할 때는 특정 공간을 공유 공간으로 언급했으면서도 가이드 맵에 해당 공간을 그려 넣지 못한 것이다.

학교 C에도 비슷한 상황이 적용됐다. 한 학생(학교 C의 학생)은 "내가 학교에 있는 모든 것을 알 필요는 없잖아요."라고 대답했다. 공유 공간이 가이드 맵 상 학교 경계 내부에 포함되지도 않고 인터뷰에서 언급도 안 될 때(학교 B), 그것은 학생들이 그 시설들에 충분히 노출되지 않았고 그런 공간들에 무관심한 경향이 있는 것으로 해석할 수 있다.

커뮤니티 공유 공간을 열거해 달라고 요청하자, 학교 B의 학생 10명 중 6명은 단 한 곳의 공간도 꼽지 못했고, 가이드 맵에 그 공간들의 위치를 하나도 표시하지 못했다. 이 사실은 그들 대부분이 학교 환경에 확신을 갖지 못한다는 것을 의미한다. 학교 B의 졸업반에 속한 한 남자아이는 학교 내에서 공간들을 안내할 자신이 없다면서 학교가 "좀 덜 컸으면, 조금 더 작았으면 한다."고, "지금 학교는 너무 크다."고 밝혔다. 한 여자아이(학교 B의 학생)는 학교 내 공간 안내에 부정적으로 대답했다. "손

님에게 학교 구경을 시켜준다구요? 내가 그럴 수 있을 거라고 생각하지는 않아요. 우리 학교는 너무 커요." 또 다른 남자아이(학교 B의 학생)도 비슷한 태도로 대답했다. "설명을 하면서 학교를 안내할 수 있냐구요? 이 학교에서는 못해요. 나는 이 학교를 4년 다녔어요. 그런데도 몰라요. 학교에 있는 시설이 너무 많아요. 우리 학교는 너무 커요."

그러나 그러한 커뮤니티 공유 공간이 가이드 맵에는 잘 표시됐지만 커뮤니티 공간 관련 공유 방침을 물었을 때 그 공간들이 언급되지 않을 경우(학교 D와 학교 E)라면, 그건 학생들이 그 공간을 자신들의 학교에 속한 곳으로 생각하고 있고, 공유 방침과는 별개로, 그 공간을 향해 개인적인 관련성을 가지고 있다는 것으로 해석 가능하다.

좋아하는 장소의 대부분이 학교 B를 제외한 나머지 학교에서 모두 공유 공간에 속한다는 발견은 흥미롭다. 이는 학생들의 애착이 모든 공간에 걸쳐 만들어진다는 것을 뜻하고, 특히 학교 D와 E의 학생들은 해당 공간에 대한 학교의 방침을 의식하느냐 여부와는 무관하게, 그 공간들을 학교의 일부로 여긴다는 것을 의미한다.

일반적으로, 학생들이 가이드 맵에 공유 공간의 명칭을 기입하지 않거나 맵에서 누락시킨 학교에서는 스케치 작성 전 사전 안내에서 좋아하는 공간을 표시해 달라고 구체적으로 요청했음에도 때때로 좋아하는 장소 표시가 빠지기도 했다. 인터뷰를 하면서 왜 그 공간을 빠뜨렸냐고 묻자, 좋아하는 장소가 그들의 학교에 속한 곳이 아니라거나 좋아하는 장소가 없다고 대답한 학생이 많았다. 그런 사례들은 학교 A와 B의 사례로, 학교 안내 투어에 자신이 없었던 여러 학생에게서 확인할 수 있었다.

학교 B의 학생들은 다른 학교 학생들에 비해 놀라울 정도로 낮은 확신과 공간 지식을 보여 주었다. 학교 B는 많은 학생이 좋아하는 장소들

Fig. 7.18 학교 B의 중앙 홀 공간

이 학교 전용공간의 경계 내에 위치한 유일한 사례로, 이것은 그 학교가 독점적으로 사용하는 곳이든 커뮤니티와 공유하는 곳이든 상관없이, 학생들이 좋아하는 장소가 커뮤니티 공유 공간이거나 실외 공간인 다른 학교들과 달리, 학생들이 자신들의 학교 환경에 눈에 띄게 공간적 지식이 적고 확신이 없는 결과와 관련이 있다.

학교 B의 공간 배치에서, 중앙 통로는 두 학교를 뚜렷이 갈라놓고, 공동으로 이용하는 시설들이 중앙 통로를 전반적으로 지배하며 학교 두 곳 사이에 전략적으로 배치돼 있어서, 자신의 학교로 들어가는 이용자는 누구나 중앙 홀을 통과해야만 한다(Fig. 7.18). 같은 복합 건물 내 두 학교는 각각 지향하는 종교도 다르고 교육철학도 다르다. 학생들은 그 공간에서 특별 이벤트가 기획되지 않는 한 공동 공간에 노출될 기회가 충분하지 않다고 추측할 수 있다. 그리고 학생들은 커뮤니티 공유 시설에 관심을 안 기울이고 있고 그것은 학교 투어에 대한 자신감 약화로 이어진다. 이 결과는 인지 발달과 공간 애착과의 상관관계를 확인해 준다. 피아제가 처음으로 제기하고 신경생물학적 실험[6]에서 얻은 실증 데이터에 의해 확인된 정서와 인지 사이의 관계는 이 사례에도 적용할 수 있다.

TABLE. 7.9 공유 공간 연계 학생 가이드 맵의 실제 부합정도

학교	체육관 (%)	도서관 (%)	집회장소 (아울라) (%)	회의실 (%)	예분교실 (%)	주방 (캔틴) (%)	라운지 (%)	커뮤니티 티어스 (프리스쿨/데이케어) (%)	플레이 룸 (소형 체육관) (%)	실외 놀이터 (%)	필드 (%)	평균 (%)
A	88.9	–	33.3	0	22.2	22.2	11.1	44.4	0	–	–	27.8
B	0	40.0	10.0	–	–	0	–	–	0	–	–	10.0
C	80.0	–	40.0	0	–	100.0	0	0	0	–	0	27.5
D	100.0	16.6	–	0	0	50.0	0	0	–	100.0	100.0	40.7
E	80.0	–	–	–	–	30.0	–	–	40.0	70.0	70.0	58.0

Fig. 7.19 학교 D의 내부, 아이 픽업 중 학부모들의 비공식적 만남

Table 7.9는 특정한 커뮤니티 공유 공간의 인지정도를 분석하여 작성한 것인데 이 표의 숫자는 학생들의 학교 가이드 맵에 포함된 해당공간들의 개수를 세어 작성된 것으로 학교 A, B, C와 학교 D와 E 사이의 극적인 차이를 보여 준다. 학교 A와 B, C에 0% 응답이 많이 포함된 것은 가이드 맵에 그러한 커뮤니티 공유 공간을 아무도 언급하지 않았음을 의미한다. 이것은 그들의 학교 환경에 대한 학생들의 무관심을 보여 준다. 그리고 그 무관심은 자신들이 다니는 학교 환경에 관한 취약한 공간 지식에도 반영된다(Fig. 7.20~7.22).

학교 A, B, C가 여러 군데 사각지대를 보여 주는 반면, 학교 D와 E는 사뭇 다르다. 그 두 학교는 실제 시설과 가이드 맵이 뚜렷이 높은 정도로 일치하였다. 학생들에게 사각지대는 한 곳도 없었고, 일부 장소는 학

6 Seth Duncan and Lisa F. Barrett, "Affect is a form of cognition: A neurobiological analysis." *Cognition &Emotion* 21,6(2007): 1184-1211.

Justin Storbeck and Gerald L. Clore, "On the interdependence of cognition and emotion." *Cognition &Emotion* 21,6(2007): 1212-1237.

Justin Storbeck and R. Maswood, "Happiness increases verbal and spatial working memory capacity where sadness does not: Emotion, working memory and executive control." *Cognition &Emotion* 30,5(2016): 925-938.

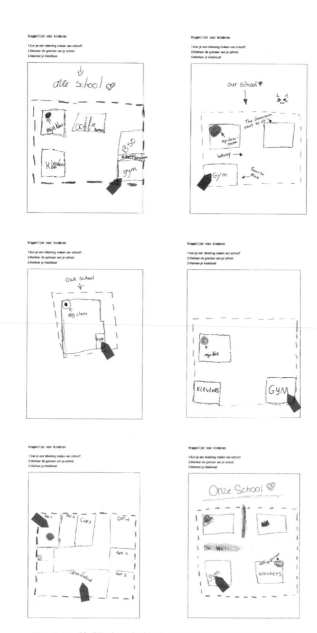

Fig. 7.20 학생들이 그린 학교 A 스케치(교실 외 공간에 대한 무지)

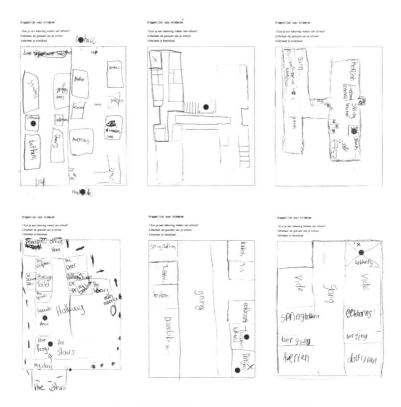

Fig. 7.21 학생들의 학교 B 스케치(배타적인 학교내 경계)

생들의 학교 가이드 맵에 포함되어 100%의 인지도를 보여 주었다. 이 가이드 맵들은 그들의 학교 경계에 반드시 속해 있다고는 보기 힘든 실외 공간을 비롯하여 구체적인 커뮤니티 공간도 보여 준다(Fig. 7.23과 7.24).

두 학교의 학생들은, 옆 학교와 공유하는 곳이든 커뮤니티와 공유하는 곳이든 특정 시간에 동네에서 빌린 곳이든, 실외 공간을 적극적으로 이용한다고 보고했다. 이 결과는, 공유 공간의 개수와는 별개로, 두 학교 집단 사이의 뚜렷한 차이점을 보여 준다. 두 학교가 옆 학교 및 커뮤니

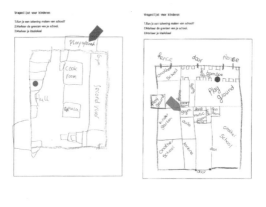

Fig. 7.22 학생들의 학교 C 스케치

티와 정확히 똑같은 개수의 공간을 공유하고 있음에도 학교 D(Fig. 7.23)
의 학생들은 높은 수준의 공간 지식을 보여 주는 반면, 학교 B(Fig. 7.21)의
학생들은 극도로 낮은 수준의 공간 지식을 보여 준다.

이것은 인지 발달 뿐 아니라 전반적인 학습 기회7의 관점에서 아동의

---

7 Ingunn Fjørtoft, "The natural environment as a playground for children: The impact of outdoor play activities in pre-primary school children." *Early Childhood Education Journal* 29.2(2001): 111-117.

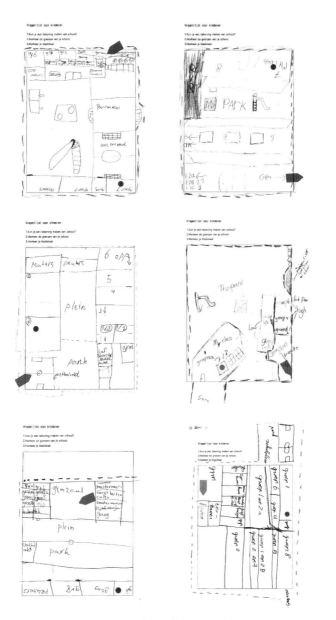

Fig. 7.23 학생들의 학교 D 스케치

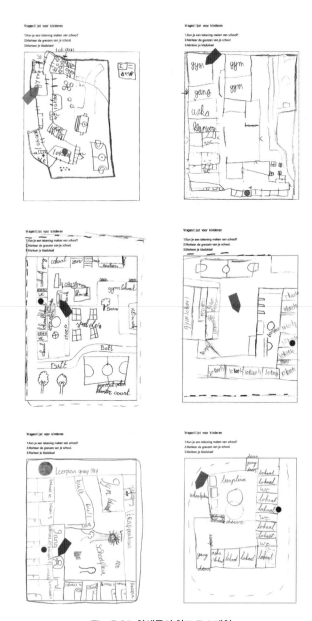

Fig. 7.24 학생들의 학교 E 스케치

Fig. 7.25 학교 C의 집회장소(아울라)와 캔틴

Fig. 7.26 학교 C, 커뮤니티 행사

발달에 큰 도움이 되는 것으로 보고된 자연 녹지의 힘을 확인해 준다. 녹지가 풍부한 학교에 다니는 학생들은 자신들이 다니는 학교 안내 투어에 대한 자신감을 가질 뿐 아니라 작성한 가이드 맵에도 그런 장소들을 더 세밀한 방식으로 보여 주었기 때문이다.

학교 D의 인터뷰에서의 공유 공간 리스트에 대한 낮은 인식도 흥미롭다. 이 결과는 학교 가이드 맵(Fig. 7.23)에 해당 공간들이 완전히 포함되고 풍부하게 묘사된 사실과 부합하지 않기 때문이다. 이것은 학생들이 그런 시설에 대한 소유권에 무관심하다는 것을 뜻한다. 학생들은 가이드 맵에 그 공간들을 포함시켰지만 그것들을 커뮤니티 공유 공간으로 분류하지는 않았다. 이 사실은 학교 E(Fig. 7.24)와 비교할 수 있다. 이 학교 학생들은 그런 시설을 자기들이 다니는 학교의 일부로 그렸으면서도 공유 방침을 더 잘 인지하고 있기 때문이다. 학교 C 및 학교 D(Fig. 7.19)와 규모가 비슷한 학교 B의 응답에서 해석할 수 있듯이, 공간적 확신이 낮은 것은 공간의 규모 문제가 아니라 공간 구성의 문제일지도 모른다. C, D 학교의 경우, 해당 학교에 다니는 학생들은 학교 안내 투어에 자신감이 약하지 않았다. 즉 교내에 있는 익숙하지 않은 공간을 탐험하는 데에는 심리적 장벽이 일부 있는 게 분명하다.

학교 B는 더 많은 기관이 통합된 학교 C와 비교해 보는 것이 당연할텐데, 학교 C에 다니는 학생들이 좋아하는 장소는 학교 경계 내에 포함될 가능성이 낮다. 그럼에도 불구하고 학교 C 학생들의 학교 공간에 대한 확신은 학교 B 학생들의 그것에 비해 확연히 높다. 주요 커뮤니티 공간과 리셉션 영역은 다른 공유기관들로부터 명확히 학교 C의 경계를 규정하여 커뮤니티 공간들과 구분하고 있다(Fig. 7.25와 7.26). 학교 C의 학생들은 자신들의 학교로 들어가기 위해 익명의 중앙 홀을 통과할 필요가 없으며, 많은 학생이 좋아하는 장소로 가이드 맵에 많이 표시한 작은 실외 공간들도 각 학교 공간에서 쉽게 접근할 수 있도록 주변에 흩어져 있다.

심리적 제약

심리적 제약(psychological restriction)은 학교 환경에 대한 공간 지식 및 확신과는 별개인 다른 양상들을 보여 주었다. 심리적 제약은 커뮤니티 공유 공간 사용과 관련한 학교의 방침과 더 관련이 있다. 학교 A와 C는 학생들의 공유 공간 사용에 제약이 있었고, 학교 B와 D, E는 학생들이 해당 공간에 자유로이 접근할 수 있게 해 주며 특정한 제한은 없었다. 심리적 제약 관점에서 학생들이 보인 반응은 흥미롭다. 높은 수준의 공간 지식과 확신이 학교 환경에 대한 심리적 제약과는 무관했기 때문이다.

학교에 대한 아이들의 인지적 경계는 커뮤니티 공유 공간에 대한 심리적 제약과 관련이 있다. 그것은 두 갈래의 질문으로 테스트되었다. 첫 번째는 학교에서 낯선 사람을 만난 경험과 관련된 질문이었고, 두 번째는 학교 내 개별 학생이 좋아하는 장소에 관한 질문인데 학생들과의 인터뷰에서 이 질문들이 구체적으로 던져졌다. 낯선 이를 맞닥뜨린 경험과 관련한 질문은 학교의 경계에 대한 인식의 측면에서 많은 정보를 제공한다. 이 정보는 학교 세팅에서 낯선 사람을 마주친 경험 관련 설문에 대한 학생들의 응답에서도 드러났다.

학교 A에서는 심리적 제약과 관련해서 대다수의 응답자로부터 가장 부정적인 응답이 나왔다(Fig. 7.27과 7.28). 낯선 사람의 대다수가 시설을 이용하는 커뮤니티 구성원임에도, 학생들은 낯선 이를 만나는 것에 부정적인 반응을 보였다. 이것은 학교 B(Fig. 7.18) 그리고 D(Fig. 7.19)와 좋은 비교가 되는데, 이 학교들의 학생들은 그들이 마주친 낯선 이들을 묘사할 때 다른 기관의 '방문자'나 '직원' 또는 다른 학교 학생들의 학부모라는 용어를 사용했다. 이는 그들이 학교를 안전한 곳으로 여기고 마주치는 낯선 사람은 누구나 그 자리에 있을 만한 타당한 이유를 가진 사람으로 여긴다는 걸 시사하는 더 우호적인 용어들이자 긍정적인 감정을 드러내는 용어들이다. 학교 B의 선생님과 학부모들과의 인터뷰에선 그 동네 자체가 안전한 곳이라는 게 드러났다. 이것은 복잡한 도시적인 세팅의 다른 학교들과는 매우 다른 점일 수 있다. 학교 D의 경우도 유사했는데, 그 학교는 방문객 대상 보안시스템이 무척 엄격했음에도 학교 분위

Fig. 7.27 학교 A, 커뮤니티 공유 집회장소(아울라)

Fig. 7.28 학교 A, 집회장소(아울라) 옆 통제지점

기는 한결 느긋한 동네 분위기가 지배적이었다.

학교 B와 D에서 낯선 사람과 맞닥뜨린 경험에 대한 학생들의 반응은 학교 A에서처럼 부정적이지는 않았다. "낯선 사람이요? 사람들이 각자 볼 일이 있어 여기에 온다는 걸 알아요."(학교 B의 학생), "이 학교가 어떻게 운영되는지, 좋은 학교인지 보려고 찾아오는 사람일 거예요."(학교 D의 학생), "선생님들이 그 사람이 들어오는 걸 허락했을 거예요. 불편하게 느끼지 않아요."(학교 D의 학생)

Fig. 7.29 학교 A의 시니어 미술 수업

Fig. 7.30 학교 C, 통제지점으로서의 리셉션

커뮤니티 공유 공간에 대한 자유로운 접근은 심리적 제약과 깊은 관계가 있다. 학교 A와 C는 다른 학교들과 비교할 때 제약 측면에서 큰 차이를 보여 준다. 아이들 입장에서는 비좁은 공간도 안전 문제와 더불어 심리적 제약을 가한다. 학교 A는 커뮤니티 활동과 겹치는 일과 스케줄 때문에 최악의 사례로 보인다(Fig. 7.29). "우리는 학교 일과 중에는 기본적으로 교실 외엔 다른 곳에 가는 게 제한돼요."(학교 A의 학생) 하지만 아이들은 이러한 학교 내 규칙을 받아들이도록 학습한다. "그런 제한

이 마음에 안 들어도 어쨌든 교칙이잖아요. 그걸 받아들이도록 배웠어요."(학교 A의 학생) 일부 여자아이는 이미 상황에 적응해서 온순하게 응답했다. "낯선 사람이요? 예. 꽤 자주 만나요. 여기는 큰 학교잖아요. 오가는 어른들을 전부 다 알지는 못해요. 이미 익숙해졌어요."(학교 A의 학생), "낯선 사람이요? 아뇨, 요가하고 댄스 수업에 오는 사람들 말고는 없어요. 무슨 기분이 드냐고요? 정말로 신경 안 써요. 익숙해졌으니까요. 괜찮아요."(학교 A의 학생)

학교 C는 리셉션 영역이 모든 기관으로의 접근을 통제하는 유일한 사례로(Fig. 7.30), 커뮤니티 공유 공간이 학교의 일부이자 학교 경계 내부에 있는데도, 완충 공간(buffer space)이 너무나 확연하기에 학생들은 자신들을 그 공간 소속으로 생각하지 않는다는 것도 밝혀졌다. 학생들은 제한된 영역 때문에 압박감을 느낀다. 학교 C에 다니는 어느 여학생은 그런 상황을 이렇게 설명했다. "우리는 커뮤니티 공유 공간을 가려면 리셉션을 통과해야 돼요. 나는 그곳에 소속된 사람이 아니니까 그런 제약이 있는 건 당연한 일이에요." 때로는 학교 방침이 공유 공간에 대한 모든 호기심을 꺾는다. 선생님이 접근을 막을 때, 학생들은 그걸 받아들이면서 이런 식으로 대답했다. "내가 학교 안에서 일어나는 모든 일을 알아야 할 필요는 없어요. 나는 그냥 받아들이기만 하면 돼요."(학교 C의 학생)

"학교가 커야 할 필요가 있다는 걸 알아요. 그렇지만 학교가 약간 더 작았으면 좋겠어요. 때로는 학교 안에서 어딜 가야할지 모를 때가 있어요."(학교 C의 학생)

어느 선생님이 다음과 같이 설명한 것처럼 아이들의 경계는 여전히 제한돼 있고, 아이들의 놀이구역은 협소하다. "아이들을 위해 지정된 놀이구역이요? 당연하지요, 모든 학생이 동시에 밖으로 나오는 건 불가능한 일이에요."(학교 C의 선생님). 이런 종류의 느낌은 또 다른 선생님과 가진 대화에서 확인됐다. "공간 이용 규제와 관련해서는 매일매일 모든 공간이 사용 신청을 받고 통제돼요. 선생님들은 매시간 아이들과 함께 있어요."(학교 C의 선생님) 학생들이 지나치게 제약이 많다는 걸 의식할 때, 이런 방침은 부정적으로 작용하는 듯 보인다. "놀이터에서 뛰어다니고 싶어요. 거기에 그냥 앉거나 서 있는 게 아니라요."(학교 C의 학생)

커뮤니티 시설이 교육용 공간과 명확히 구분되지 않은 채 전체 환경을 지배하는 학교 A는 모호하게 통제되는 세팅 때문에 학생들이 그런 공유 공간으로부터 더 많이 제한받는다고 느낀다(Fig. 7.27과 7.28). 이것은 성인용 화장실과 공동 복도를 비롯한 공유 공간이 교육 공간 내부 깊숙한 곳에 위치해 있다는 사실과 부분적으로 관련이 있다. 학교 A의 학생들은 휴식시간 동안일지라도 건물을 돌아다니는 게 허용되지 않는다. 낯선 사람들을 불필요하게 만나는 걸 피하기 위해서이다. 어느 학부모는 이런 상황을 자세히 설명했다. "선생님이 교실에 머무르며 복도에 누가 있을지 모르는 채 학생 혼자 화장실에 다녀오게끔 허락하는 게 소름 끼쳐요."(학교 A의 학부모) 다른 학부모는 비슷한 맥락으로 상황을 설명했다. "활동들이 지나치게 섞여 있어요. 예를 들어, 학교 일과시간 중에 체육관에서 커뮤니티 대상 타이치(Taichi) 수업이 열리는 도중에 아이들이 휴식시간에 사방을 뛰어다녀요. 그러면 아이들은 시끄럽게 굴지 말라는 경고를 지속적으로 받고요."(학교 A의 학부모)

학교 A는 해당 커뮤니티 공유 공간을 이용하는 유일한 기관임에도, 학생들은 그들의 학교 가이드 맵에 많은 공유 공간을 빠뜨리는 경향을 보였다(Fig. 7.20). 동네 사람들은 학교 일과 중에 커뮤니티 공간을 이용하고, 학생들은 학교 공간이 온전히 그들만의 것이 아니라 커뮤니티에서 빌린 것이라는 걸 알고 있기에 이것은 일과 스케줄 문제와 관련이 있다. 이 상황은 학교 B와도 그리 다르지 않았다. 학교 B의 커뮤니티 공간은 교육용 공간과 뚜렷하게 분리되어 있지만 말이다. 학생들은 커뮤니티 공유 공간에 익숙하지 않으며 그 공간의 이름을 거명하지 못했고 많은 학생들이 그 공간들을 이용하지 않는다고 언급했다. 학교 B는 각 학교의 경계에 있어 뚜렷이 구분되는 배치를 가지고 있고, 학생들은 해당 공간에 가 있어도 좋다는 허락을 받을 경우 커뮤니티 공유 공간 어느 곳에나 접근해서 이용할 수 있다. 학교 A와 비교하면, 학교 B의 학생들은 안전 출입구(security door) 시스템이 없음에도 안전함을 느낀다. 한 선생님은 시스템을 이런 방식으로 설명했다. "우리 학교에는 시큐리티 도어가 없습니다. 길거리하고 비슷하죠." (학교 B의 선생님)

학교 환경에 대한 공간지식과 확신은 심리적 제약과는 다르다. 학교 B의 학생들은 충분한 공간 지식을 보여 주지는 않지만 심리적 제약은 전혀 느끼지 않는 반면, 학교 A는 상대적으로 공간 지식이 빈약할 뿐 아니라 심리적 제약의 수준도 높았다. 이것은 학교 방침 외에도 교내 공간 배치의 결과로 해석할 수 있다. 브리드 스쿨 내 공간을 많은 기관이 공유하더라도, 전략적 설계를 통해 성공을 거둘 가능성은 존재한다. 학교의 규모가 학생들이 자신의 학교에 대한 공간 지식상 불확실성을 느끼는 주된 이유는 아니다. 학교 E는 한정된 공간을 커뮤니티 및 다른 학교와 공유하는데, 학교의 규모가 크다(Fig. 7.31). 그럼에도, 학생들은 그들이 다니는 학교의 공간에서는 아무 문제도 느끼지 않으며 학교 가이드 맵에 자신감이 있다. 특별한 허락 없이도 항상 자유롭게 접근할 수 있기 때문이다. 낯선 사람을 만나는 것과 좋아하는 장소에 대한 접근성 관점에서 검토한 심리적 제약 문제를 통해 엄격한 제한이 있는 학교 방침은

Fig. 7.31 학교 E의 실내 공간

아이들이 느끼는 심리적 제약에 영향을 주고, 궁극적으로 학교 환경에 대한 공간 지식에 영향을 끼친다는 걸 알 수 있다.

안전 문제가 해결되는 한, 공간분절이 분명하면(학교C), 아이들이 좁게 느끼고 심리적 제약을 받더라도 낯선 사람과의 상호작용을 기피하게 될 가능성은 희박하다는 게 밝혀진 셈이다. 공간이 적절하게 설계되지 않았을 때(학교 A), 안전하지 못하다는 느낌과 심리적 제약의 관점에서, 그런 상황은 아이들의 일상생활에 영향을 끼칠 수 있다. 아이들은 낯선 사람과 공간의 크기, 그들을 교실 내로 제한시키는 학교 방침 때문에 위축되기 때문이다.

학교 B를 제외한 모든 학교에서 아이들 대다수가 좋아하는 공간은 커뮤니티 공유 공간이라는 사실을 보여 주었고, 해당 공간에의 접근성은 학교 방침과 직접 관련이 있었다. 아이들이 좋아하는 장소에 자유로이 접근하게 해주는 학교들(학교 D와 E)은 훨씬 높은 공간 지식과 확신, 그리고 아이들이 더 나은 인지 발달을 형성할 여지를 더 많이 보여 주었다. 이 결과는 학교 환경에의 애착과 그 애착이 아이들의 인지 발달과 가지

는 연결고리를 뒷받침하는 이전 연구가 사실이라는 걸 확인해 준다.[8]

본 연구에서는 아동의 발달과 관련한 커뮤니티 공유 공간의 더 나은 설계 방향을 모색하기 위해 네덜란드 브리드 스쿨에서의 커뮤니티 공유 양상을 공간 지식과 환경적 확신, 애착, 심리적 제약의 관점에서 알아보았다. 학생들의 공유 공간에 대한 의식은 그들의 공간 지식 및 환경적 확신과는 무관한 것으로 밝혀졌다. 학생들이 어떤 공간에 충분히 노출되고 애착을 키우면 공간 지식은 축적된다. 해당 학교의 아이들이 작성한 학교 가이드 맵에서 보듯, 학교 내 공유 공간을 상대적으로 잘 알고 있는 것과는 무관하게, 공간에 대해 어떻게 의식하는가 하는 문제는 공간 지식의 형성에 직접적인 도움을 주지는 않았다. 접근 제한 방침은 심리적 제약에 영향을 주고, 결국에는 그러한 공유 공간에 대한 애착 형성을 저해하면서 공간 지식에, 그리고 어쩌면 아동의 인지 발달에 부정적인 영향을 끼친다. 공유 공간이 학교 방침과 조율하며 엄격한 제약 없이 자연스러운 통제가 가능하도록 전략적으로 설계될 때에만, 학생들은 그런 공유 공간을 자신의 학교의 일부로 여기며 공간 지식을 발전시키고 장소성을 형성하게 되는 것이다. 학교가 커뮤니티 공유 공간에 자유로운 접근을 허용했을 때, 학생들은 공유 공간에 애착을 품으면서, 해당 공간에의 제약이 애착 형성을 저해하는 다른 학교들에 비해 훨씬 더 높은 수준의 공간 지식을 보여 주었다. 스케줄 공유나 부적절한 설계 탓에 언제든 좋아하는 장소에 접근하지 못할 때, 아이들은 심리적 제약을 느끼면서 그런 공간에 대한 공간 지식을 발전시키지 못했다.

---

8 Sun-Young Rieh, "Creating sense of place in school environments: The lived experience of elementary school children in Hawaii." University of Hawaii, Arch.D. Thesis, 2007.

홍미로운 사실은, 공간 지식이 높은 수준인 학교에 있는 실외 공간의 존재다. 자연환경에의 노출이 집중력[9] 및 아이들의 인지 수준[10]과 관련이 있다는 아이디어를 포함하여, 자연이 아이들의 발달에 유익하다는 걸 보여 주는 연구들은 아동의 발달에 학교 환경이 무척 중요한 이유를 보여 준다.

많은 학교가 독자적으로 사용하는 실외 공간을 갖고 있고, 많은 학생이 해당 공간을 좋아하는 공간이라고 대답했지만, 높은 밀도와 한정된 공간 크기 탓에 그 공간들이 반드시 접근 가능한 공간은 아니었다. 한편, 공유 실외 공간을 충분하게 갖춘 학교들은 아이들에게 쾌적함을 주고 전반적인 학교 환경에 대한 공간 지식을 쌓는 데 도움을 줬다. 이 발견은 아이들의 발달이 실외 공간과 긴밀한 관계가 있다는 연구와 일관성을 보인다.[11]

점점 더 많은 커뮤니티 관련 시설이 학교 세팅에서 교육용 공간과 섞이고 있는 맥락에서, 이 연구는 아동 발달의 관점에서 학교 설계에 새로운 관점을 가져온다. 세심한 공간 배치와 동선 계획(circulation plan)뿐 아니라 세밀한 스케줄링과 학교 방침으로 바람직한 브리드 스쿨 환경이 구축될 수 있다는 사실이다. 그러한 환경이 심리적 제약과 공간 지식, 그리고 아동의 인지 발달에 직접적인 영향을 미치기 때문이다. 인구밀도가 높고 교육 정책상 녹지가 충분하지 않은 나라에서 커뮤니티 스쿨 시스템이 채택될 때, 이것은 더욱 민감한 이슈가 될 수 있다. 이 연구의

---

9 Rachel Kaplan et al., "Environmental preference: A comparison of four domains of predictors." *Environment and Behavior* 21.5(1989): 509-530.

10 Nancy M. Wells, "At home with nature: Effects of 'greenness' on children's cognitive functioning." *Environment and Behavior* 32.6(2000): 775-795.

11 Ibid.

결과는 아이들을 위한 사회적·정서적 발달 같은 학교의 비 학습적 측면에 더 관심을 가져야 한다는 사실과 커뮤니티와 통합된 학교 환경이 가진 또 다른 가능성 및 탐구와 관련하여 다양한 학문분야로 연구를 확장시켜야 한다는 사실을 시사한다.

8장
학교 환경에서의 '장소성'을 향하여

이 책은 인간 실존(human existence)의 기본 속성인 장소성이 물리적 건조물을 통해 만들어질 수 있다는 믿음에서 시작되었다. 필자는 장소의 다양한 속성 중 아이들의 장소 애착이 인지 발달의 전제조건이라는 점에서 출발하여 아이들의 발달에 매우 중요한 것으로 알려진 아이들의 장소성에 초점을 맞추었다. 아이들의 생활이 조직되는 환경은 아이들이 세상에 반응할 수 있게 해주는 개인적 스키마에 영향을 끼친다. 어린 시절에 각인된 기억은 삶의 질에 영향을 줄 뿐 아니라, 어른들의 정체성과 세계관에 대한 지속적 특성의 뼈대를 만든다. 그러므로 어린 시절 학교 환경은 장소성과 관련하여 특별히 관심을 기울일 필요가 있다.

아이들의 발달이 이루어지는 전형적인 영역들(가정, 동네, 학교) 중 학교는, 사회화 및 아동발달에 있어 명백한 중요성에도 불구하고 장소라는 문제에서 제일 취약하게 조사연구가 이루어진 곳이다. 학교는 엄밀히 말해 일반적으로 학습이 행해지는 장소로 여겨지므로, 조사의 초점은 아이들의 전반적인 발달이 아니라 학습의 결과에 맞추어져 왔다. 하지만 학교 환경이 발달과정상 극히 중요할 뿐 아니라 긍정적 특징들로 채워졌을 때에 한해 장소의 기억이 각인되기에 아이들이 학교 세팅에서 보내는 시간이 늘어나는 트렌드는 우리로 하여금 학교 환경을 새롭게 볼 것을 촉구한다.

장소성의 관점에서 아이들의 학교 환경 내 체험을 분석한 이 책의 연구는 건축가가 더 나은 학교 환경을 설계하는 과정에서 채택해야 할 일군의 정보를 제시한다. 이 책은 하와이의 세 학교와 서울의 열두개 학교, 네덜란드의 다섯 학교에 다니는 아이들이 연구에 참여해 그들이 다니는 학교 내 장소를 그린 스케치를 제공하고 학교 세팅 내에서 좋아하는 장소에 대해 얘기했다. 수백 명의 아이들 외에, 어른들도 그들이 다닌 학교 내 기억의 장소라는 관점에서 조사 대상이 됐다. 설문지 외에도, 기억 스케치와 학교 가이드 맵, 현재 다니는 학교 환경과 어린 시절 학교의 장소들에 대한 묘사와 인터뷰는 아이들에게 각인되어 평생의 삶에 영향을 주는 생생하고 풍부한 체험을 드러내었다.

하와이의 경우, 아이들의 현재 경험에 대한 스케치와 인터뷰, 설문에 기반한 좋아하는 장소에 대한 분석을 통해 아이들의 학교 내 장소 애착의 특징들이 밝혀졌다. 서울에서의 사례연구는 운동장 없는 학교들에 특별히 초점을 맞추어 장소성의 변화를 탐구했다. 네덜란드의 커뮤니티 공유 학교들의 경우 주로 초점을 맞춘 것은, 글로벌 트렌드가 된, 커뮤니티와 공유하는 공간적 세팅의 영향을 받는 아이들의 장소 애착의 양상들이다. 이 연구의 제일 중요한 부분은 아이들이 현재 다니는 학교에 대한 기억 스케치와 어른들의 학교 내 기억 스케치를 비교한 것이다. 기능 영역과 심상 영역의 이분법, 무어와 영의 삼각형(사회적 공간, 지상학적 공간, 내면의 공간), 장소 애착의 발달 이행 이론을 조사 데이터의 분석 도구로 적용한 결과 다음과 같은 사실이 밝혀졌다.

첫째, 아이들이 학교 환경 내 애착을 구축하는 장소에 대한 분석을 통해 아이들의 장소성이 다음의 요인들 중 하나 혹은 그 이상에 의해 만들어진다는 것이 밝혀졌다. 다양한 대안을 가진 기능적 측면, 심미적 가치를 가진 심상 영역, 참여, 성취, 열 쾌적성, 분절된 실외 공간들이 그것이다. 장소성은 이런 요인들이 겹쳐질 때 더 강하게 드러났다. 이는 학교를 설계할 때 의도적으로 이런 요인들을 겹치게 하는 전략이 아이들에게 강한 애착의 장소들을 제공할 수 있다는 뜻이다.

둘째, 아이들의 학교 환경 경험과 관련된 빈번한 이용과 가치라는 이슈는 장소성 형성에 별로 의미 있는 연관성을 보이지 않았다. 이것은 학교라는 기관의 독특한 본질을 반영한 결과로 여겨진다. 아이들은 애착을 느낄 장소를 선택하고 이용할 수 있는 완전한 자유의지를 갖지는 못하므로, 장소를 좋아하는 것과 장소의 이용은 일관성이 없는 것으로 보인다. 장소 관련 가치는 아이들이 좋아하는 장소가 아닌 학습 장소나 사무실에 집중되었고, 그럼으로써 학교라는 기관의 개념이 아이들에게 각인됐다는 것을 보여 준 것이다. 대신, 개인적인 성취나 장소 관련 참여와 같은 장소와 연계된 특별한 기억은 학교 환경 내 아이들의 장소 애착 형성과 강한 연관성이 있었는데 이것 역시도 학교라는 기관의 정체성을 반영한 것이다. 서울의 운동장 없는 고밀도 학교들을 대상으로 한 사례연구는 실외 공간이 한정된 탓에 실내 공간을 자주 활용한다고 해서 교내의 질 좋은 외부 공간을 향한 애착의 본질이 달라지지는 않는다는 것을 명확히 보여 준다.

셋째, 서울의 운동장 없는 학교 사례뿐 아니라 네덜란드의 커뮤니티 공유 학교 사례에서 보듯이 공간 배치 및 학교 방침과 관련된 심리적 제약은 초등학생들의 장소성 형성을 저해하였다. 장소 애착과 인지 발달 사이의 연결고리가 사라진 탓에 아이들의 인지 발달을 제약할 가능성이 너 크다는 것이다. 그러므로 네덜란드의 커뮤니티 공유 학교 사례에서 보듯, 신중하지 못한 학교 설계는 아이들의 공간 지식과 환경적 확신에, 그리고 간접적으로는 인지 발달에 영향을 줄 가능성이 더 크다. 갈 만한 곳이 없는 학교나 학생들이 가고 싶어 하는 곳이 부족한 학교 공간은 서울의 운동장 없는 학교 사례에서 보듯 우울감이나 열등감 같은 부정적인 효과를 낳을 수 있다. 소유권과 상관없이 질 좋은 실외 공간에 더하여 동선과 통제를 고려하는 신중한 설계만이 학교 내 아이들의 긍정적인 장소 애착 형성을 돕는 듯 보인다.

마지막으로, 하와이에서 수행한 연구사례에서 보듯, 학교 내 장소에 대한 어른들의 기억은 빈약한 기억과 풍부한 기억으로 극단적으로 나뉘었다. 빈약한 기억은 사회적 측면을 가진 기능 영역과 관련이 있는 반면, 풍부한 기억은 심미적 가치를 가진 심상 영역과 관련이 있었다. 심미적 가치를 가진 장소와 연관된 기억들은 후각적·청각적·촉각적 성격이 동반된 경우에 다른 경험들보다 더 오래 지속되는 듯 보인다. 이 결과는 아이들을 대상으로 수행한 조사에서도 일관성이 있었다. 아이들이 좋아하는 장소와 연계하여 언급한 느낌은 감각적 경험에 대한 상세한 묘사와 함께 생리적이거나 심리적인 것이 지배적이었다. 학교 내 장소의 질은 초등학생들의 경우만이 아니라 학교의 장소를 기억 속에 각인시킨 어른들의 경우에도 장소성의 핵심이었다.

이 연구는 두 가지 가설에 바탕을 두었다. 첫째는 공간적 분절이 더 많고 질이 더 나은 학교는 아이들이 언급한 장소가 훨씬 다양한데다가 더 강렬한 장소성을 낳을 것이라는 가설이다. 두 번째 가설은 필자가 '장소 유발기제'라고 명명한, 장소성을 구축하는 데 도움이 되는 공간 조직이 존재한다는 것이다.

양질의 공간 분절과 아이들이 좋아하는 장소 관련 언급한 곳의 개수, 그리고 묘사의 깊이 정도 간의 관계를 다룬 첫 가설은 사실인 것으로 확인됐다. 최소한의 분절에 공간의 질도 상대적으로 조악한 학교들은 공간 분절의 수준이 훨씬 더 높고 질도 우수한 학교들에 비해 선호장소로 언급된 곳의 수가 적었고 그 공간에 대한 서술도 빈약했다. 최소한으로 분절된 학교를 그린 학생들의 인지 지도 또한, 더 단순한 공간 배치와 무관하게 정확성이 떨어지는 것을 보여 주었다.

두 번째 가설도 어른을 대상으로 한 서베이와 아이들을 대상으로 한 양쪽 서베이 모두를 통해 확인됐다. 심미적 가치를 가진 심상 영역에만 집중한 가설이기는 했지만 말이다. 심미적 가치가 있는 장소를 거론한 응답자 스케치에서는 장소성을 유발하는 공간 조직의 존재를 확인해 줄, 경계와 중심, 길, 문턱, 가장자리 같은 장소 유발기제들이 발견되었다.

장소 애착의 관점에서 어른들과 아이들이 그린 기억 스케치를 교차 비교하여 얻은 가장 중요한 발견은, 심미적 환경이 장소 유발기제를 통해 장소성을 만들어 낼 때 어린 시절 학교 환경은 인지 발달 이행을 가속시킬 수 있다는 것이다. 심미적 장소에 국한된 어른들의 기억 스케치에서 발견된 장소 유발기제의 존재는 그러한 장소에 대한 아이들의 애착이 일찍 형성되는 것을, 그리고 어른들의 어린 시절 생생한 장소 기억이 어른들의 뇌리에 각인되는 것을 돕는 것으로 보인다.

의미 있는 장소를 보는 순간 분비되는 화학물질과 관련한 행복 메커

니즘에 대한 최근의 연구는 행복한 감정으로 각인된 장소가 기억에 오래도록 남는다는 것을 확인해 준다. 어린 시절에 경험한 심미적 장소는 그 장소의 심미적 특징을 일찍 인식하도록 자극하고, 따라서 사회적 관계와 기능적 장소, 심미적 장소의 순서로 발현되는 것으로 알려진 애착 이행의 관점에서 발달 변화를 가속시킨다고 해석할 수 있다. 무엇보다 그런 종류의 발달과정의 변화는 서울의 운동장 없는 고밀 학교 사례에서 보듯, 실외 공간에서만 가능하다.

학교 내의 장소성은 다양한 분야의 학자들이 언급한 기능적 측면(행동 유도성, affordance)과 빈둥거리는 장소 같은 공통된 특징을 많이 갖는 듯 보인다. 하지만, 학교라는 기관의 본질 관련 특별한 특징(즉 성취와 참여)도 학교 환경 내 장소 애착의 형성에 중요하다는 사실이 발견됐다. 학교의 방침 또한 학교 세팅 내 아이들의 장소성 형성에 핵심적인 요인이다.

지속적으로 새겨질 소중한 어린 시절의 기억 형성을 지원하며 아동 발달과 삶의 질을 향상시킬 학교를 만들고 싶은 건축가는 이 연구에서 정의한 장소 유발기제가 시사하는 바를 미적으로 충족시키는 설계에 특별한 관심을 기울일 필요가 있다. 이 공간적 분절은 본 연구를 통해 아이들의 장소성에 영향을 끼치는 것으로 밝혀진 여러 속성들─기능적 다양성, (프라이버시를 비롯한) 심상적 측면, 열 쾌적성, 분절된 실외 공간, 학교 세팅의 설계 그리고 공간조성에의 참여와 같은─과 조심스럽게 결합되어야 한다.

미래의 학교에 대한 예측은 다양하다. 학습하는 기관으로 학교를 바라보는 좁은 관점부터 학교가 사라질 것이라는 예측까지 나와 있다. 아이들의 사회적 관계와 인지 발달이 형성되고 가속화하는 장소로서의 학교의 기본적인 역할이 부인되지 않는 한, 학교는 커뮤니티 내 잠재력 있는 장소로 인식되어야 하며, 적극적인 탈바꿈을 통해 아이의 발달을 위한 필수적인 장소로 강화되어야 마땅하다.

학교 건물에는 다음의 모든 것이 필요하다. 급격하게 진화하는 교육 관련 담론을 수용하는 유연한 공간, ICT 기술을 활용한 학교 외부의 학습기회가 증가하는 맥락에서의 맞춤형 학습, 돌봄을 전제로 한 커뮤니티와의 효율적 공간 공유, 이용자의 다양성과 평생교육을 위해 접근 가능한 장소로 포용하는 유니버설 디자인, 아이들의 창의성을 자극하는 환경, 미래에 대비한 시설이 모두 필요하다.

초등학교의 개방시간 연장과 이용자들의 확대로 초등학교가 공공의 인프라스트럭처로 활용되는 경우가 갈수록 늘어나고 있다는 사실에 대해서는 이견이 없다. 이러한 이유로, 학교 내 장소성이 가지는 중요성에 대한 연구는 한층 더 확대되어야 한다. 특정 커뮤니티의 공동성이 내재된 학교 환경의 조성은 절대적으로 필요한 일이다. 정통성과 지역성은 참여를 통해 지속 가능성과 자부심을 낳고, 궁극적으로 학생들 뿐 아니라 공동체 구성원들에게서도 장소성을 구축할 수 있다. 학교는 아이들이 세상을 맞닥뜨리는 첫 장소이자, 평생토록 지속될 기억을 새겨 넣는 첫 장소이기 때문이다.

미국과 한국, 네덜란드에서 아이들과 어른들, 선생님들, 학부모들의 참여를 통해 진행한 연구로 이루어진 이 책은 학교 환경에 특별한 주의를 기울여야 할 이유를 말해준다. 아동 발달을 통합시킬 장소로서의 학교 설계를 위하여 이 연구에서 찾아낸 중요한 사실들이 긍정적인 아동 발달과 평생의 기억의 장소를 약속할 성공적 학교 환경을 위한 중요한 가이드라인을 제공할 것을 기대한다.

감사의 글

이 책의 출판이 가능하도록 지원해준 많은 기관과 동료 학자들에게 감사드린다. 이 책의 근간이 된 하와이 학교들을 대상으로 한 연구(2장~6장)는 풀브라이트재단의 미드커리어 리서치 그랜트와 서울시립대학교의 학술연구비 지원으로 가능하였다. 필자의 연구년의 호스트가 되어 준 하와이대학교의 레이몬드 예(Raymond Yeh) 교수와 최근 저서에서 필자의 연구 방법론을 소개하여 이 책의 출판을 위한 다리 역할을 해준 호주 본드대학교의 사비마키(Sarvimäki) 교수에게 특별한 고마움을 전하고 싶다. 서울의 운동장 없는 학교들에 대한 연구인 7.1장은 한국연구재단의 연구지원을 받았고, 네덜란드의 커뮤니티 스쿨들에 대한 연구인 7.2장은 델프트공대의 건축환경학부의 지원을 받았다. 이 연구를 위한 호스트 역할을 해준 모니크 알크스테인(Monique Arkesteijn) 교수, 그리고 조사대상 학교들과 접촉하고 현장에서 네덜란드어 통역을 포함, 연구를 도와준 돌프 브룩하우즌(Dolf Broekhuizen) 박사께도 감사 인사를 전하고 싶다. 이 책의 출판은 서울시립대학교의 2017년 연구년 학술연구비의 지원을 받아 이루어졌다.

참고문헌

Aitken, Stuart C., *Putting Children in Their Place*(Washington, DC: Association of American Geographers, 1994).

Bachelard, Gaston, translated from the French by Jolas, Maria, *Poetics of Space*(New York, NY : The Orion Press, 1964).

Bernardi, Nubia and Kowaltowski, Doris C.C.K., "Environmental comfort in school building: A case study of awareness and participation of users." *Environment and Behavior* 38. 2(2006): 155-172.

Bloomer, Kent C. and Moore, Charles W., *Body, Memory, and Architecture*(New Haven, CT: Yale University Press, 1977).

Burke, Catherine, "Quiet stories of educational design," in Kate Darian-Smith and Julie Willis(eds.) *Designing Schools, Space, Place and Pedagogy*(New York, NY: Routledge, 2017), 191-204.

Cantor, David, *Psychology for Architects*(New York, NY: John Wiley & Sons, 1975).

Chawla, Louise, "Childhood place attachments," in Altman, Irwin and Low, Setha M.(eds.), *Place Attachment*. New York, NY: Plenum Press, 1992.

Cobb, Edith, "The ecology of imagination in childhood," in Shepard, Paul and McKinley, David, *The Subversive Science: Essays Toward an Ecology of Man*(Boston, MA: Houghton Mifflin, 1969), 122-132.

Cobb, Edith, *The Ecology of Imagination in Childhood* (New York, NY: Columbia University Press, 1977).

Cohen, Stewart and Trostle, Susan L., "Young children's preferences for school-related physical-environmental setting characteristics." *Environment and Behavior* 22.6 (1990): 753-766.

Coluccia, Emanuele, Iosue, Giorgia, and Brandimonte, Maria Antonella, "The relationship between map drawing and spatial orientation abilities: A study of gender differences." *Journal of Environmental Psychology* 27 (2007): 135-144.

Cooper, Clare, "The house as symbol of the self," in J. Lang et al. (eds.), *Designing for Human Behavior: Architecture and the Behavioral Science* (Stroudsburg, PA: Dowden, Hutchinson and Aross, 1974), 130-146.

David, Thomas G. and Weinstein, Carol Simon, "The built environment and children's development," in Carol Simon Weinstein and Thomas G. David (eds.), *Spaces for Children: The Built Environment and Child Development* (New York, NY: Plenum Press, 1987), 5.

de Jong, A. et al., *Bouwbesluit 2012 Tekst & Toelichting [Building Decree 2012, Text & Explanation]* (Amsterdam: Berghauser Pont Publishing, 2015).

Dovey, Kim, "An ecology of place and placemaking: Structure, processes, knots of meaning," in Dovey, K., Downton, P., and Missingham, G. (eds.), *Place and Placemaking* (Melbourne: Proceedings of the PAPER 85 Conference, 1985), 93-109.

Downing, Frances, "Image banks: Dialogues between the past and the future." *Environment and Behavior* 24.4 (1992): 441-470.

Duncan, Seth and Barrett, Lisa F., "Affect is a form of cognition: A neurobiological analysis." *Cognition & Emotion* 21.6 (2007): 1184-1211.

Fjørtoft, Ingunn, "The natural environment as a playground for children: The impact of outdoor play activities in pre-primary school children." *Early Childhood Education Journal* 29.2 (2001): 111-117.

Gibson, James J., *The Ecological Approach to Visual Perception* (Boston, MA:

Houghton Mifflin, 1979).

Gifford, Robert, *Environmental Psychology: Principles and Practice*(Coleville, WA: Optimal Books, 2002).

Groat, Linda & Wang, David, *Architectural Research Methods*(New York, NY: John Wiley & Sons, 2002).

Harris, Lauren J., "Sex-related variations in spatial skill," in Liben, Lynn S., Patterson, Arthur H., and Newcombe, Nora(eds.), *Spatial Representation and Behavior Across the Life Span: Theory and Application*(New York, NY: Academic Press, 1981), 83-125.

Heidegger, Martin, translated by Hofstadter, Albert, "Building dwelling thinking," in *Poetry, Language, Thought*(New York, NY: Perennial Classics, 2001), 143-159.

Heft, Harry, "Affordances of children's environments: A functional approach to environmental description." *Children's Environments Quarterly* 5.3(1988): 29-37.

Immordino-Yang, Mary H. et al. "We feel therefore we learn: The relevance of affective and social neuroscience to education." *Learning Landscapes* 5.1(2011): 115-131.

Israel, Toby. *Some Place Like Home: Using Design Psychology to Create Ideal Place*(Hoboken, NJ: Wiley, 2003).

Johnson, Mark L., "The embodied meaning of architecture," in Sarah Robinson and Juhani Pallasmaa(eds.), *Mind in Architecture: Neuroscience, Embodiment, and the Future of Design*(Cambridge, MA: The MIT Press, 2015), 33.

Kaplan, Rachel, Kaplan, Stephen, and Brown, Terry, " Environmental preference: A comparison of four domains of predictors." *Environment and Behavior* 21.5(1989): 509-530.

Kelly, Elinor, "Racism and sexism in the playground," in Blatchford, Peter and Sharp, Sonia(eds.), *Breaktime and The School: Understanding and Changing Playground Behaviour*(New York, NY: Routledge, 1994), 63-74.

Korpela, Kalevi, Kytta, Marketta, and Hartig, Terry, "Restorative experience, self-regulation, and children's place preference." *Journal of Environmental Psychology* 22(2002): 387-398.

Langeveld, Martinus Jan, "The secret place in the life of the child." *Phenomenology+Pedagogy* 1.1(1983): 11-17.

Langeveld, Martinus Jan, "The stillness of the secret place." *Phenomenology +Pedagogy* 1.2(1983): 181-191.

Liben, Lynn S., "Spatial representation and behavior; Multiple perspectives," in Lynn S. Liben, Arthur H. Patterson, and Nora Newcombe (eds.), *Spatial Representation and Behavior Across the Life Span; Theory and Application* (New York, NY: Academic Press, 1981), 20.

Malinowski, J.C. and Thurber, C.A., "Developmental shifts in the place preferences of boys aged 8-16 years." *Journal of Environmental Psychology* 16(1996): 45-54.

Mallgrave, Harry Francis, "'Know Thyself': Or what designers can learn from the contemporary biological science," in Sarah Robinson and Juhani Pallasmaa (eds.), *Mind in Architecture Neuroscience, Embodiment, and the Future of Design* (Cambridge, MA: The MIT Press, 2015), 23-24.

Manen, Max van, *Researching Lived Experience: Human Science for an Action Sensitive Pedagogy* (Albany, NY: State University of New York Press, 1990).

Marcus, Clare Cooper, "Remembrance of landscapes past." *Landscape* 22.3(1978): 35-43.

Marcus, Clare Cooper, "Environmental memories," in Altman, Irwin and Low, Setha M. (eds.) *Place Attachment* (New York, NY: Plenum Press, 1992), 87-112.

Matthews , M.H., *Making Sense of Place: Children's Understanding of Large-scale Environments* (Savage, MD: Barns & Noble Books, 1992).

Meiss, Pierre von, *Elements of Architecture: From Form to Place* (New York, NY: Van Nostrand Reinhold (International), 1990).

Merleau-Ponty, M., translated from the French by Smith, Colin. *Phenomenology of Perception*(London: Routledge & Kegan Paul Ltd., 1962).

Mimica, Vedran, *Notes on Children, Environment and Architecture*(Delft: Publikatieburo Bouwkunde, 1992).

Min, Byungho and Lee, Jongmin, "Children's neighborhood place as a psychological and behavioral domain." *Journal of Environmental Psychology* 26.1(2006): 51-71.

Moore, Robin and Young, Donald, "Childhood outdoors: Toward a social ecology of the landscape," in Altman, Irwin and Wohlwill, Joachim F.(eds.), *Children and the Environment*(New York, NY: Plenum Press, 1978).

Norberg-Schulz, Christian, *Existence, Space and Architecture*(New York, NY: Praeger, 1971).

Norberg-Schulz, Christian, *Genius Loci: Towards a Phenomenology of Architecture*(London: Academy Editions, 1980).

Norberg-Schulz, Christian, *Architecture: Meaning and Place*(New York, NY: Electa/Rizzoli, 1986).

Patterson, Michael E. and Williams, Daniel R., "Maintaining research traditions on place: Diversity of thought and scientific progress." *Journal of Environmental Psychology* 25.4(2005): 361-380.

Pallasmaa, Juhani. *The Embodied Image: Imagination and Imagery in Architecture*(Chichester : John Wiley & Sons, 2011).

Pellegrini, Anthony D., *School Recess and Playground Behavior*(Albany, NY: State University of New York, 1995).

Proshansky, Harold M. and Fabian, Abbe K., "The development of place identity in the child," in Carol Simon Weinstein and Thomas G. David(eds.), *Spaces for Children: The Built Environment and Child Development*(New York, NY: Plenum Press, 1987), 22.

Relph, E.C., *Place and Placelessness*(London: Pion, 1976).

Rennie, David L., "Qualitative research: A matter of hermeneutics and the sociology of knowledge," in Kopala, Mary and Suzuki, Lisa A.(eds.),

Using Qualitative Methods in Psychology (Thousand Oaks, CA: SAGE, 1999), 3-13.

Rieh, Sun-Young, "Boundary and sense of place in traditional Korean dwelling." *Sungkyun Journal of East Asian Studies* 3.2(2003): 62-79.

Rieh, Sun-Young, "Creating sense of place in school environments: The lived experience of elementary school children in Hawaii." University of Hawaii, Arch.D. Thesis, 2007.

Rieh, Sun-Young, "A research on the aspects of favorite place in urban mini school-sense of place in the elementary school without playground." *Journal of the Architectural Institute of Korea: Planning &Design* 27.4(2011): 79-86.

Robinson, Sarah and Pallasmaa, Juhani(eds.), *Mind in Architecture: Neuroscience, Embodiment, and the Future of Design* (Cambridge, MA: The MIT Press, 2015).

Seamon, David, "Body-subject, time-space routines and place-ballets," in Buttimer, Anne and Seamon, David(eds.), *The Human Experience of Space and Place* (New York, NY: St. Martin's Press, 1980), 148-165.

Seamon, David, "The phenomenological contribution to environmental psychology." *Journal of Environmental Psychology* 2(1982): 119-140.

Sebba, Rachel, "The landscapes of childhood: The reflection of childhood's environment in adult memories and in children's attitudes." *Environment and Behavior* 23.4(1991): 395-422.

Sime, Jonathan D., "Creating places or designing spaces: The nature of place affiliation," in Dovey, K., Downton, P., and Missingham, G.(eds.), *Place and Placemaking* (Melbourne: Proceedings of the PAPER 85 Conference, 1985), 275-291.

Sobel, David, "A place in the world: Adults' memories of childhood's special places." *Children's Environment Quarterly* 7.4(1990): 5-12.

Sobel, David, *Children's Special Places: Exploring the Role of Forts, Dens, and Bush Houses in Middle Childhood* (Tucson, AZ: Zephyr Press, 1993).

Sokolowski, Robert, *Introduction to Phenomenology*(New York, NY: Cambridge University Press, 2000).

Storbeck, Justin and Clore, Gerald M., "On the interdependence of cognition and emotion." *Cognition &Emotion* 21.6(2007): 1212-1237.

Storbeck, Justin and Maswood, R., "Happiness increases verbal and spatial working memory capacity where sadness does not: Emotion, working memory and executive control." *Cognition &Emotion* 30.5(2016): 925-938.

Taylor, Andrea Faber and Kuo, Frances E., "Is contact with nature important for healthy child development? State of the evidence," in Christopher Spencer and Mark Blades(eds.), *Children and their Environments: Learning, Using and Designing Spaces*(Cambridge: Cambridge University Press, 2006), 129.

Thorne, Barrie, *Gender Play: Girls and Boys in School*(New Brunswick, NJ: Rutgers University Press, 1993).

Tuan, Yi-Fu, *Space and Place: The Perspective of Experience*(Minneapolis, MN: University of Minnesota, 1977).

Tuan, Yi-Fu, *topophilia*(New York, NY: Columbia University Press, 1990).

Wells, Nancy M., "At home with nature: Effects of 'greenness' on children's cognitive functioning." *Environment and Behavior* 32.6(2000): 775-795.

Wicker, Allan W., *An Introduction to Ecological Psychology*(Monterey, CA: Brooks/Cole Publishing Company, 1979).

Zacharias, John, Stathopoulos, Ted, and Wu, Hanqing, "Microclimate and downtown open space activity." *Environment and Behavior* 33.2(2001): 296-315.

Zacharias, John, Stathopoulos, Ted, and Wu, Hanqing, "Spatial behavior in San Francisco's Plaza: The effects of microclimate, other people, and environmental design." *Environment and Behavior* 36.5(2004): 638-658.

찾아보기